西城逐日

济南市大学城实验学校建设纪实

徐文东 宋光华 主编

山东大学出版社

图书在版编目（CIP）数据

西城逐日：济南市大学城实验学校建设纪实 / 徐文东，宋光华主编. -- 济南：山东大学出版社，2019.9
ISBN 978-7-5607-6438-2

Ⅰ. ①西… Ⅱ. ①徐… ②宋… Ⅲ. ①中小学—教育建筑—概况—长清区 Ⅳ. ①TU244.2

中国版本图书馆CIP数据核字（2019）第220486号

责任编辑：刘森文
封面设计：张同金
美术编辑：张 荔

出版发行：山东大学出版社
社 址 山东省济南市山大南路20号
邮 编 250100
电 话 市场部（0531）88363008
经销：新华书店
印刷：山东新华印务有限责任公司
规格：720毫米×1000毫米 1/16
12.75印张 240千字
版次：2019年9月第1版
印次：2019年9月第1次印刷
定价：42.00元

《西城逐日——济南市大学城实验学校建设纪实》
编 辑 委 员 会

序

加快打造“四个中心”、建设“大强美富通”的现代化国际大都市，是新时期济南市“扬起龙头”发展进程中确立的宏伟目标。近年来，在市委、市政府的正确领导下，全市上下全面落实习近平总书记视察山东重要讲话、重要指示批示精神，按照“两个走在前列、一个全面开创”的目标定位，解放思想，真抓实干，实现了济南高质量快速发展。

在这样的良好氛围中，济南市教育系统坚持以人民为中心、以民生为己任，全面提升教育质量和教育治理水平，积极打造“有品质、有温度的济南教育”，济南教育内涵得以不断深化、教育质量不断提升，得到了广大百姓的认可和社会的广泛赞誉。2018 年 9 月，在市委、市政府的关心支持下，在济南城市建设集团精心组织下，济南市大学城实验学校正式建成使用，这是一项重大的民生工程，是市委、市政府大力促进教育资源优化配置和教育公平的重要举措。

长清大学城大学云集、智力密集，是济南市“四个中心”中“科技创新中心”的主阵地之一。2017 年 5 月 13 日，时任济南市委副书记、市长王忠林同志视察长清大学城时指出，“要努力把长清大学城打造成人才高地、创新高地、创业高地、科技高地”，并特别强调“要统一思想，坚持问题导向，高水平搞好规划，加大投入完善设施，进一步优化人才环境、创业环境、办校环境等，为大学科技园的发展创造良好条件”。为补齐长清大学城在基础设施方面的短板，提升省会城市教育首位度，更好地服务驻地高校，促进基础教育优质均衡发展，市委、市政府决定在长清大学城倾力打造一所高起点、高标准、高水平的现代化学校。在这样的形势下，济南市大学城实验学校应运而生。我参与了学校的选址、规划、建设等工作，也曾多次到建设工地检查和慰问，建设者们精益求精、时不我待、使命必达的拼搏奋斗精神给我留下了深刻的印象。在建设进程中，管理、建设、监理、审计等部门通力协作、密切配合，攻艰克难、追风逐日，仅用8个月的时间便圆满完成建设任务并交付使用，创造了济南学校建设的“新速度”，提升了济南教育的“新温度”，并创造了多个“济南第一”。济南市大学城实验学校的建成是圆梦工程、民心工程，更是荣誉工程、丰碑工程，功在当代，利在千秋。

为总结经验、留存历史、讲好济南故事、传播济南声音，济南市教育局联合济南城市建设集团编写了反映该校建设全过程的图书——《西城逐日》。该书取材真实、体例严谨、文笔生动、图文并茂，对工程建设进行了全景式的展现和系统性的总结。该书为这项工程的建设留下了生动鲜活的第一手资料，给读者打开了一扇了解这项重大民心工程建设的窗口。值得称道的是，该书行文对准基层、笔锋下沉，勾勒描绘了一个个具体事例和鲜活人物，在凡人小事中展现了济南人的“大国工匠”精神。这些生动的人和事，让我们想到了“夸父逐日”的神话故事，夸父为寻日迹、测日轨，与日竞走，路渴而死，其杖化为邓林，这正是甘于奉献、为民奔波、拼搏牺牲的精神体现。大学城实验学校的建设者们正是“现代夸父”，他们所迸发出的拼搏进取、争分夺秒的精神正是当代济南精神价值的真实写照。这种精神对进一步积聚力量、凝聚人心、鼓舞斗志有不可低估的推动作用。

百舸争流，奋楫者先；千帆竞发，勇进者胜。处在“两个一百年”的历史交汇期，济南教育也迎来了前所未有的发展大机遇，让我们在习近平新时代中国特色社会主义思想指导下，不忘初心、牢记使命，凝心聚力、继往开来，以夸父逐日的执着和拼搏精神，走在前列，干在实处，为加快建设“大强美富通”现代化国际大都市而不懈奋斗！

2019年8月

（作者系济南市教育局局长、党组书记，市委教育工委常务副书记）

2017 年 5 月 13 日，济南市委副书记、市长王忠林就长清大学城发展作出指示

2018 年 9 月 3 日，济南市委副书记、市长孙述涛为济南大学城实验高中揭牌

2018 年 9 月 3 日，济南市副市长王桂英为济南市长清大学城实验学校揭牌

济南市大学城实验学校建设奠基仪式 (2017 年 10 月 31 日)

济南市大学城实验学校建设用地现状 (2017 年 7 月 23 日)

2018 年 1 月 4 日

2018 年 2 月 18 日

2018 年 3 月 14 日

各时间段项目进度实景

各单体陆续封顶（2018 年 1 月 30 日）

建成后的济南大学城实验高中南大门

建成后的济南市长清大学城实验学校南大门

中心塔楼

大学城实验高中大学堂

初中小学校区综合楼

庭院式格局

花园式布局

名校一飒向新城西铭学园
兵役三季扣迎娇子过千佳
敦教送济名师集立志拼搏
争朝夕滋蕙济兰写馨香成
就英才贵三甲待看金榜题
名时

祝大学城实验学校
建成一周年 二〇一九年
六月城建集团徐文东

济南城市建设集团副总经理徐文东题诗

目 录

第三章 立校岩岩

附 录

后 记

济南市大学城实验学校建设

大事记

2017年5月13日

中共济南市委副书记、市长王忠林调研长清大学科技园，并召开座谈会。强调各级各部门要为驻济高校发展营造良好环境，努力把大学科技园打造成人才高地、创新高地、创业高地、科技高地。

建设济南市大学城实验学校被提上日程。

2017年6月7日

济南市副市长王桂英赴长清大学城考察建校地址，初步确定为瓦特路北、紫薇路南、海棠路西、济菏高速东地块。

2017年6月16日

济南市副市长王桂英主持召开济南市大学城实验学校项目建设专题会议，确定项目占地317.7亩，为小学、初中、高中组成的完全学校。项目总建筑面积13.9万平方米，计划总投资约9.5亿元。

2017年6月16日

济南市教育局、长清区教体局抽调6名精干人员组成济南市大学城实验学校筹建办公室。

2017年6月18日

清华大学建筑设计研究院开始济南市大学城实验学校方案设计。

2017年8月20日

济南市教育局、长清区教体局分别与济南城市建设集团有限公司签署代建协议。

2017年9月5日

济南市大学城实验学校建设项目总承包（EPC）招标公告在济南公共资源交易中心网站发布。

2017年9月7日

济南市政府将大学城实验学校项目列为市级重点建设项目。

2017年9月26日

济南市大学城实验学校（小学、初中）项目完成立项。

2017年9月29日

济南市大学城实验学校（高中）项目完成立项。

2017年10月31日

项目总承包（EPC）单位招投标手续完成。隆重举行项目开工奠基仪式，中共长清区委书记王勤光主持开工仪式，济南市教育局局长王品木、济南城市建设集团董事长李国祥分别致辞，济南市副市长王京文宣布开工。

2017年11月15日

济南市大学城实验学校建设项目开始全面施工。

2017年12月14日

济南市大学城实验学校建设项目取得不动产登记证书（土地证）。

2017 年 12 月 31 日

济南市大学城实验学校建设项目主要单体建筑完成正负零以下施工内容。

2018 年 1 月 4 日

济南市大学城实验学校建设项目取得建设工程规划许可证。

2018 年春节

各参建单位春节期间坚持施工。总包单位中建八局第一建设有限公司、济南长兴建设集团有限公司向全体参建人员发出“加班加点抢工期、全心全意保质量、人人参与保安全”的口号。

2018 年 2 月 8 日

时值农历小年（腊月二十三），济南市教育局、济南城市建设集团主要领导莅临项目现场，慰问一线工人。

2018 年 2 月 14 日

建设项目实现了 100 天 13.9 万平方米 38 个单体全部封顶，创造了“济南速度”。

2018 年 4 月 15 日

济南市大学城实验学校建设项目进入装修阶段，“百日装修”大会战拉开序幕。

2018 年 4 月底

济南大学城实验高级中学、济南市长清大学城实验学校筹备组进驻学校，开始各方对接。

2018年5月22日

济南市大学城实验学校建设项目取得建筑工程施工许可证。

2018年6月30日

济南市大学城实验学校建设项目顺利交接。

2018年7月1日

根据济南市教育局工作安排，大学城实验高中举行家长开放日活动。

2018年8月10日

济南市大学城实验学校建设项目通过济南市工程质量与安全生产监督站验收。

2018年8月21日

大学城实验高中举行家长体验日，迎接学生及家长入校参观、体验。

2018年9月3日

济南市大学城实验学校举行开学典礼，中共济南市委副书记、市长孙述涛，副市长王桂英等领导出席。

大学城
济南城市建设
集团

第一章　蓄势待发

“5 · 13”会议，是起点也是支点

2017 年 5 月 13 日上午，长清区委三楼会议室，一场关于长清大学科技园发展的专题会议正在热烈召开。

这次会议奏响了济南市大学城实验学校建设的序曲，成为撬动这所学校平地崛起的支点。

这个“支点”的核心思想就是“大人才观”。

2017 年初，济南市在《关于深化人才发展体制机制改革促进人才创新创业的实施意见》中推出“人才新政 30 条”，首先提出“大人才观”的说法，这在全国也是首倡。“大人才观”就是集合各方力量吸引人才、留住人才、促进人才创新创业。这为习近平总书记提出的“科技是第一生产力，人才是第一资源”打上了特色鲜明的“济南标签”。

人们习惯地称长清大学科技园区为长清大学城。长清大学城自 2003 年开始规划建设，到 2017 年已经有 14 个年头。目前园区占地总面积 4.35 万亩，入住院校 12 所，师生达 20 多万，开发商业地产项目 12 个。很长一段时间以来，大学城一直存在配套设施不完善、管理体制不顺、科研成果转化不够、产业发展带动不强等问题，在一定程度上制约了大学城的发展，特别是大学城人才的发展。“来长清就是上班，上完课就走人”成为大学老师们的常态。他们在长清定不了居，扎不下根，谈何深度发展？一到寒暑假，大学生们纷纷回家后，大学城里更是人员骤减、门庭冷落。

“5 · 13”会议上，中共济南市委副书记、市长王忠林强调，驻济高校是济南的宝贵资源，各级各部门要切实克服“两张皮”现象，加大支持

▲ 长清大学城掠影

力度，为驻济高校发展营造良好环境，努力把长清大学科技园打造成人才高地、创新高地、创业高地、科技高地。“四个高地”的定位高屋建瓴、掷地有声。会议要求各级各部门树立“大人才观”，改变体制机制，着力优化办学环境，强化校地合作，全力支持服务大学科技园建设发展。会议形成了“关于加快幼儿园、中小学校等配套规划建设，积极引入优质教育资源，提升办学水平”的发展意见。

▲ 副市长王桂英调研项目选址

在长清大学城建一所高标准的中小学校的计划由此摆在案头、提上议程，且迫在眉睫。

中共济南市委、市政府非常关心建校的推进与落实。各单位、各部门也积极推荐合适的建校位置，但每个地块都差强人意。6 月 7 日，副市长王桂英在长清出席活动。活动结束返程时，中共长清区委常委、政法委书记、长清大学城建设指挥部总指挥李成刚邀请王桂英亲赴现场考察校址，一行人察看了多处地块，当他们来到瓦特路北、紫薇路南、海棠路西、济菏高速以东区域时，王桂英眼前一亮说：“这个地方挺合适的！”回头就问济南城市建设集团董事长李国祥这块土地的具体情况。李国祥回答说：“这块地我们集团已经征了很多年了，正在准备开发。既然政府需要，为了济南大教育，我们愿拿出这块土地！”副市长王桂英选址定点后向王忠林市长做了详细汇报。事后，在一次有关学校建设的交流中，王桂英笑着对中共长清区委书记王勤光说：“在大学城实验学校的建设选址中，成刚书记功不可没！”

6 月 16 日，副市长王桂英在龙奥大厦 G703 会议室主持召开的会议上

正式决定：在长清大学城瓦特路以北、紫薇路以南、海棠路以西、济菏高速以东 317.7 亩的地块上，规划建设 36 个班的小学、36 个班的初中、60 个班的高中，并初步命名为“济南市大学城实验学校”。会议明确要求：2017 年 10 月进场施工，确保 2018 年 6 月完工，2018 年 9 月 1 日，小学、初中、高中同时开学，投入使用。同时指出后期要逐步引进优质教育团队，解决驻长清大学城高校教职工子女就学的问题。会议还公布了学段班额、占地面积、建设规模等。其中，高中学校立项主体由济南市教育局承担，小学、初中学校立项主体由长清区教体局承担。济南市教育局、长清区教体局与济南城市建设集团签订代建协议，学校由济南城市建设集团负责投资代建，建成后高中产权、使用权无偿移交市教育局；小学和初中产权、使用权无偿移交长清区教体局。

从“5·13”到“6·16”，短短一个多月的时间，从起点推进到支点撬动，再到宏图初绘，徐徐拉开了济南市大学城实验学校建设的大幕！

见证者感言

教育是关乎民族振兴、国家强盛的头等大事。中共济南市委、市政府决定建一所集小学、初中、高中学段为一体的高层次的学校，以解决片区孩子就学的民生问题，配套提升长清大学城的建设，提高人民群众的幸福指数。可以说是高瞻远瞩、高屋建瓴的决策。

为落实市委、市政府指示精神，济南城市建设集团迅速行动起来。

▲ 济南城市建设集团副总经理　徐文东

面对艰巨任务，组成建设团队，强化建设管理，凝结战斗情谊，倾情奉献教育。学校建成后，看到师生们置身于我们集团建设的窗明几净、花团锦簇、文雅大气的校园里，内心感到自豪和骄傲。我们和学校一直保持校企联动常态化，与学校签署了校企战略长期合作协议，大力支持学校的发展。集团大学城激活提升项目部经理宋光华被聘为大学城实验高中的建设顾问，集团工程一部副部长郭正被聘为大学城实验高中的名誉副校长，济南城市建设集团被定为学校综合实践活动基地。“英才出自严师教，桃李花开遍俊奇”，共建教育芳草地，共铸泉城发展梦，相信我们的明天会更加美好！

剑指田木山下

田木山，在长清城东北6公里处，蕞尔一丘，寂寂无名。翻遍长清史籍，才在民国《长清县志》的地图上找到它，标注为“田木（末）山”。

关于此山名的来历，当地有这样一种说法：相传唐朝天祐年间，田氏族人在此山西麓定居下来，靠在山上开山卖石为生。一天，一位村民在山岩上发现了一个惊人的画面，一块巨石布满了马蹄印纹，如骏马奔腾所留，马蹄印团团有致，栩栩如生。大家由衷感叹，认为这是天马所留，上苍所赐，因“田”又与“天”同音，于是村民便公议将所居村落命名为“田马庄”，后来有人误写为“田木庄”，山也便称为“田木山”了。道光《长清县志·地舆志》记载为“东仓·戴保田木庄。”民国《长清县志·地舆志》记载为“祝阿区·戴保里田莫庄”。1980年，国家实行地名标准化处理后，定名为“田木庄”，现为平安街道北汝村管辖，村名已弃用。

田木山海拔高度139米，南北如卧簪，满山蓊郁，翠柏遍布。山巅有小石寨环绕，状如锁钥，算是为小山添了一点人文景致。田木山远看如凤凰展翼，所以村民又将其亲切地称为“凤凰山”。

时代变迁，世事沧桑，田木山始终寂寥。

谁想，2017年6月后，田木山前却成了一方热土，济南市大学城实验学校确址于此，一座育人的圣堂将拔地而起。

2017年6月16日，在济南龙奥大厦召开的会议上，副市长王桂英郑重宣布要在此处建设大学城实验学校。学校规模宏大，建设用地面积317.7亩，其中完全小学占地57.7亩，36班制，计划在校生规模1620人；

▲田木山前地貌

初级中学占地93亩，36班制，计划在校生规模1800人；高级中学占地167亩，60班制，计划在校生规模3000人。小学、初中总建筑面积56389平方米，高中总建筑面积83589平方米。主要建设教学楼、实验楼、艺术综合楼、男生宿舍、女生宿舍、单身教工宿舍、食堂、体育馆、游泳馆、室外厕所、地下停车场及设备用房等配套附属设施，同时建设室外体育运动区、道路、广场，项目计划总投资约9.5亿元。

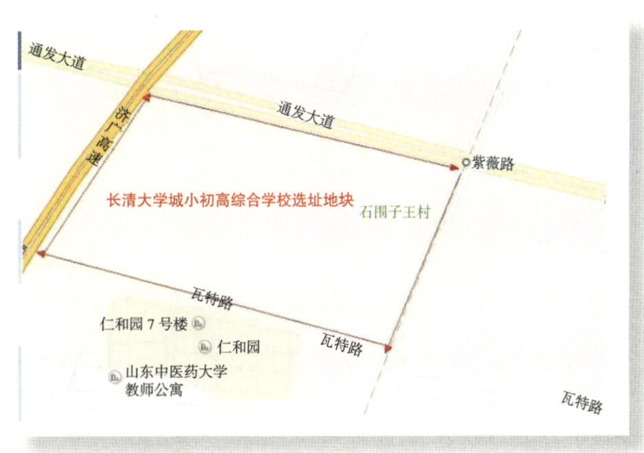

▲ 项目地块区位图

冥冥之中，机缘巧合。田木山前的这一地块，正好符合建校的要求，恰当的占地亩数，适合的班额，最佳的地理位置，这正是建设一处山东省省级规范化学校的标准地块。

最让人称道的是济南城市建设集团，317亩土地，如按照每亩1000万元的市场价格挂牌出让，城市建设集团可收益25.36亿元；项目建设投资9.5亿元，所需建设资金全部由城市建设集团垫资，一出一进合计34.86亿元。项目选址原为济南城市建设集团拟建的高档住宅小区用地，此处坐拥大学城，区位优越，交通便利，西邻济菏高速，东临在建的济南R1地铁线路，且设有紫薇路站点，开发潜力巨大，增值空间无限，商用价值不可估量。济南城市建设集团舍利而取义，将经济效益让位给社会效益，毅然决然将其和盘托出，支持西部新城教育事业的发展，是兴学重教、履仁崇义、高风亮节的善义之举。

拟建学校的中心地带是崮云湖街道的石围子王庄。2003年为支援长清大学城建设，大学城拟征范围内20个村的老百姓舍小家顾大家，离开了祖祖辈辈生活的家园故土，为大学城的建设做出了巨大贡献。大学城实验

学校“大学堂”的位置正好是石围子王庄的老村台，石围子王庄历来就有尊师重教的传统，古时秀才举人辈出，现今村里也出了不少的硕士博士人才。如果找一点文脉传承的话，此又为一处人和之利。

号令一出，应者云集；剑之所指，所向披靡。市委、市政府的号令直指田木山下，田木山的古老历史和美好未来在此激情碰撞，交相辉映，壮美的画卷将在这里展开，这只美丽的凤凰展翅欲飞，雏凤新声，定会一飞冲天，一鸣惊人！

见证者感言

作为济南城市规划管理者，我见证了济南市大学城实验学校建设规划的全过程。从严肃科学的蓝图规划到建设项目的加速推进，再到学校竣工并开始招生，只有短短8个月的时间，建设者以令人惊叹的效率创造了“济南速度”！在规划中我们满怀激情和热情为学校的建设贡献自己的微薄之力，遇到问题迎难而上，开辟绿色通道，帮助项目以最快的速度办理各项规划手续。“海右春已至，奋斗正当时”，因为热爱这片土地，所以要奉献在这片土地上。

▲ 济南市规划局直属第四分局审批二科科长　杨　爽

调兵遣将，步步为营

为了在长清大学城建成现代化、高标准、高水平，集小学、初中和高中于一体的济南市大学城实验学校，中共济南市委、市政府高瞻远瞩，科学部署，调精兵，遣强将，力争将学校建成精品工程、民生工程、丰碑工程。

作为代建方，济南城市建设集团迅速行动起来，抽调集团副总经理徐文东、大学城激活提升工程项目部经理宋光华、集团工程一部副部长郭正等精干力量组成建设班子，全权负责学校建设事宜。济南市教育局、长清区政府高度重视，分别确定市教育局副局长孟凡海，长清区教体局副局长顾建海负责建校工作，领导协调组织各个环节、成立筹建办公室、加快建设手续办理、学校规划设计和现场管理等诸项事宜。市、区教育部门立即抽调骨干人员成立了筹建办公室，济南市教育局、长清区教育体育局联合下文，任命富有学校基建经验的长清区实验小学副校长韩庆顺为筹建办公室主任，济南信息工程学校副校长姚庆为筹建办公室副主任。成员还有市教育局发展规划处科长崔宏亮、山东省实验中学西校总务处主任董钊、长清一中党总支副书记张咏、长清一中教师李洪亮等。这是一个高效精干、战斗力强的筹建团队。

市委、市政府要求大学城实验学校务必要于2018年秋季开学时投入使用。时间紧、任务重、程序繁、压力大，而校址还是一片空场，荒草萋萋，苗木离离，兔走雉飞，一片荒凉景象。

根据市委、市政府的工作部署，肩负着大学城高校教职工的期待和长清全区75万人民的重托，济南城市建设集团大学城项目部和大学城实验

▲ 筹建办召开工作例会

学校筹建办首先确定了时间节点，下了死命令，一定要确保2018年6月底建成，9月1日开学。经科学研判，确定分三条主线全力推进项目建设。一是以筹建办为主，济南城市建设集团配合负责推进手续办理工作；二是以济南城市建设集团大学城项目部为主，长清区大学城建设指挥部配合负责地块内地上附着物清理及坟冢迁移工作；三是济南城市建设集团大学城项目部负责建设项目监理、总包招标和施工前的准备工作。

筹建办超前谋划，密集配档，倒排工期，多管齐下，压茬推进。积极争取各相关部门的支持，与市发改委、市规划局、市国土资源局、市城乡建设委及长清区各个部门一一进行对接。各部门积极支持项目建设，在合法合规的前提下为工程建设开辟了绿色通道。

密集的时间配档，一项项在单位时间内不可能完成又必须完成的工作，伴随的是他们来去匆匆的足音。6月23日，市规划局出具规划选址及规划设计要求；7月18日，济南市国土资源局长清分局出具土地预审意见；8月3日，济南市大学城实验学校规划方案论证会在长清区政府三楼会议室召开，清华大学设计团队汇报设计方案，并初步敲定方案；8月29日，在济南龙奥大厦召开第二次讨论会，基本确定设计方案；8月10日，该项目被列为市城乡建设委重点建设项目，并开通绿色建设通道；8月20日，市教育局、区教体局分别与济南城市建设集团签署代建协议，进一步明确建设责权利，落实建设标准、时间节点，确保该项目按照计划有序进行；8月23日，市、区发改委出具同意提前进入招标程序的意见；8月26日，济南城市建设集团组织设计、教育、建设、审计、项管、招标等各方面专家逐条商定EPC任务书和招标文件；9月5日，在济南公共资源交易中心网站发布了建设项目总承包（EPC）和工程监理招标公告；9月7日，市政府将该项目列为市级重点项目；9月21日，区环保局出具环评审批意见；9月27日发布招标条件；9月底，区、市发改委分别完成了立项；10月10日市城乡建设委签批住宅产业化意见；同日，清华大学建筑设计研究院

▲ 济南市教育局副局长孟凡海与筹建办人员勘察地貌

设计的学校项目初步设计方案定稿；10 月 11 日，针对招标条件发出答疑意见，分别于 10 月 18、19、26、27 日开标，中建八局第一建设有限公司和济南长兴建设集团有限公司中标，分别承建高中标段和小初标段。

为节省时间成本，本次工程确定采用 EPC 方式组织施工，这将成为济南市公共事业建筑史上的第一个 EPC 工程项目。在此之前，在济南市范围内还没有成功的 EPC 总承包经验，这无疑是一大挑战。济南城市建设集团发扬先行先试、敢为人先的精神，勇于做第一个吃螃蟹的人，大胆接标 EPC 方式建设，为加快工程进度赢得了先机。

繁杂的手续，层层审批，件件落实，条条框定，都是在争分夺秒地和东升西落的太阳赛跑。

这紧锣密鼓、关山飞渡、稳扎稳打、步步为营的进度和节奏倾注着筹建办同志们的汗水和心血，他们喊出“宁可脱掉三层皮，不能耽误一分钟”的口号。紧迫、紧张、紧急、紧凑成了筹建办的工作鼓点。他们以建校为己任，最大限度地发挥个人专长和地域优势，以钉钉子的精神，克服困难与阻力，鼓足干劲，大干快上，紧跑腿、勤动嘴，争取相关部门的大力支持，跑下了一项又一项手续。筹建办主任韩庆顺更是一天当作两天用，逢山开路、遇水架桥、穿墙破壁、化解困难，一度没有了“家”的概念。项目筹建初期没有固定办公地点，他的家就成了办公室，为便于研究和整理，他先期自费购买了打印机、打印纸等材料。卧室里、地板上、床头上，铺天盖地的全是大学城实验学校的相关材料。他说这样更方便，睁眼就是办

公室，抬头就办公，低头就工作。因电话太多，打手机有时打得耳根疼，为减少手机辐射，韩庆顺用起了“移动座机”，用一个大包提着插卡座机，走到哪提到哪，大家笑称这是中国“新五大发明”之一。筹建办没有办公用车，李洪亮老师有一辆柴油动力的江淮越野车，宽敞皮实马力足，于是“拉驴为马”成了筹建办的“公务车”。李洪亮回忆说，材料签批审核各环节要预约、排队、盖章，办公人员一旦下了班就会多耽误一段时间，为跑赢时间，李洪亮常常将私车开成赛车！短短几个月就跑了10000多公里，他没有任何的抱怨，笑着说：“俺家是东北的，这个距离，够自驾回东北几个来回了，就当回了几次家吧。”

见证者感言

功成不必在我，功成一定有我。济南市大学城实验学校是我们集团管理的重点项目，也是民生项目。我们组织精干力量靠到项目上，强化工程的现场建设和管理，招贤纳士，抽兵点将；周密部署，挂图作战；过程监督，缜密核查；夜以继日，倾情奉献。我有幸参与其中，见证了工程建设的“济南速度”和“济南奇迹”。特别是参战职工，舍小家顾大家，歇人不歇马，全天候奋战，这种精神至今激励着我。

▲ 济南城市建设集团工程一部副部长 郭 正

一枚印章一段情

兵马未动，粮草先行，这是兵家常识。筹建济南市大学城实验学校何尝不是如此，一项项手续就是开工必需的“粮草”。

开工前的手续有一项需要到涉地村庄为勘测定界图签字盖章，这样才能办理土地证，征地过程中的四邻指界签字盖章历来是老大难问题。一提到村里去盖四邻章，长清区大学城建设指挥部的同志和地方管理区的同志都面有难色。这可以理解，此地块已经征收多年，或多或少地存在这样那样的问题，群众工作需要慢慢做，这需要时间。“合规合法，建校做善事，我们又不亏心，时间不等人，下面还有好多提前和压茬进行的建设手续，不能在土地证上卡了壳，难办也得办。”筹建办公室主任韩庆顺知难而进，言词铮铮。

2017 年 11 月 17 日（周五）下午，济南市国土资源局长清分局的同志们加班办理完了所有的纸质材料。周六一大早，韩庆顺、李洪亮和管理区的同志带上材料直奔相关村庄的社区居委会，这些村庄大都拆迁搬进了乐天小区。乐天小区曾为全省最大的搬迁居民小区，2005 年起韩庆顺在乐天小学担任过六年的副校长，没少和小区居民们打交道。因韩庆顺做事热情周到，口碑很好，与村民建立了深厚的感情，特别是和村干部们更是交情深厚。第一站，他们先来到石围子王庄社区居委会，居委会的同志热情地迎向前来。“韩校长，你怎么来了？”60 多岁的老书记王圣法迎出来，一下子就抱住了韩庆顺。“想死我了，老兄弟，这些年你也不来玩！快到屋里坐。”感情到了这个份上，工作开展起来就不成问题了。进屋、倒茶、

▲ 四邻指界

手拉着手唠家常。“中午别走了，让你老嫂子炒俩菜，咱兄弟俩喝一盅儿”，王书记说。韩庆顺眼睛湿润了，七八年不见面，弟兄般的感情依旧。叙旧之后，韩庆顺简单说明来意，王书记高兴地说，“建学校是积德行善的大好事，咱不能拖后腿！”赶紧戴上老花镜摸过材料就签字。韩庆顺用手一一指着位置，老书记一板一眼地签字盖章，足足签了20多处。办完公事，王书记再三挽留一行人，但他们急事在身不能耽搁，急忙奔向另外两个村。同行的管理区同志感叹道：“没想到，真没想到，韩主任在小区有这么高的威望！”韩庆顺笑笑说：“公事公办，私情私交，看似两码事，其实都一样，大局为重，以心比心，公事就好办了。”

第二站，他们来到了段庄社区居委会。居委会领导和韩庆顺是老熟人，很快就签好字盖完了章。上午11：30，韩庆顺一行从乐天小区来到了第三站——平安街道齐庄村社区居委会。村子正在拆迁，居委会办公室已拆掉了。居委会主任吴刚一大早就来到管理区等候。身高一米九的吴主任，高人一头，奓人一臂，声音洪亮，热情豪爽。听说是为了兴办学校，二话不说，在勘测定界图上签了字、盖了章。

顶着炎炎烈日，只用了半个休息日，韩庆顺和李洪亮他们跑了两个管理区、三个居委会，在勘测定界图上盖了几十个公章和名章。别人一个月或者几个月才可能做完的事情，他们只用半天就办妥了。事后，筹建办人员反复解剖这件事，分析提炼办事效率高的原因，大家得出几点共识：“公”字当头，态度摆得正；感情交流好，和老百姓有血肉联系；办学育人，老百姓信赖政府，深明大义、服从大局！

2017年12月14日，土地证顺利办妥。这天恰好是韩庆顺48岁的生日，他说，这是有生以来最有意义的一件生日礼物。

见证者感言

既然市、区教育主管部门把筹建工作交给我们，就必须竭尽全力、一往无前。筹建办是一个富有凝聚力、向心力、战斗力的团队，大家团结一致，以苦为乐，拧成一股绳，聚成一条心，破解难点，疏浚堵点，与各部门齐心协力共同创造了“济南速度”和建设奇迹！现在想来，最愧对的还是家人，当时姑姑癌症晚期正处于弥留之际，妻子正受更年期严重困扰，儿子处于考研关键时期，但和大学城实验学校这项民生工程比起来，是值得的，亲人们也是理解的。

▲ 大学城实验学校筹建办公室主任韩庆顺

引入清华设计理念

云想衣裳花想容，人靠衣装马靠鞍。一所学校的规划设计事关一所学校的表里与形质，映射着这个学校的价值取向和人文内涵。

济南市大学城实验学校的定位是精品高端学校，目的是打造百年名校，其设计也应典雅庄重，形质兼美，气宇非凡。经过慎重考虑，市政府决定特邀清华大学建筑设计研究院参与到大学城实验学校项目方案设计中来。清华大学建筑设计研究院成立于1958年，为国家甲级建筑设计院，依托于清华大学深厚广博的学术、科研和教学资源，人才密集，设计超群，精品迭出。

清华设计理念的引入，为学校建设融入一股钟灵毓秀、古今贯通、中西融汇的水木清华之风。

为保证设计超前，理念领先，筹建办工作人员本着“多走多看多了解，多问多想少遗憾”的工作思路，分别到章丘四中、济南外国语学校、历城二中、泉新小学、平阴实验学校等新建、在建学校参观学习，取长补短，丰富学校建设内容，尽量做到既承清华之风又接济南地气，以形成详细可行的设计任务书。在济南城市建设集团安排下，他们多次与清华设计团队深入交流，达成初步设计方案后，又连续召开了两次规划方案论证会，听取各方意见，最终形成方案。

整体规划设计既遥望星空又俯视大地，通天气、接地气，融齐鲁礼仪之风，聚泰山、黄河博大之气，力争成为济南基础教育学校建设的标志和样板。

▲项目整体规划设计图

▲ 筹建办人员与清华大学建筑设计研究院设计师留影

学校规划设计凝炼了中国传统书院的神韵，采用院落式布局。在大院落格局下，各年级教学单元又自成独立的书院格局，再赋予向学、正心等特殊含义的命名，书香凝结，其乐融融。各建筑物错落有致地分布在主轴线两侧，层次分明，井然有序。迈步其中，让人顿生进入知识殿堂的崇敬之心。

高中校区一进大门为校园文化广场，视野开阔，气势恢宏。入口广场围绕杏坛圣人的故事展开，对书院、学堂的布局结构进行解读与重新诠释，把人们记忆和理解中的书院“痕迹”与当代人与环境的关系交织在一起，使校园景观从实际性景观向实质性教学环境转变。中心步道尽端设置综合楼，对应北京国子监孔庙的中心建筑——“辟雍”，与“杏坛”成为对景，取“辟雍岩岩，规矩方圆”之意。砖、石作为景观的主要材料，形成强烈的对比，粗糙的石材铺装暗示古代书院记忆，砖的铺砌整齐划一，与建筑的风格相呼应。设计中的轴线与对称，将单元式的庭院空间组织起来，同时使空间组织更加丰富。

小学和初中校区一进南门为广场景观设计，贯穿中轴线的是中心步道，广场步道终端设置围合型广场。综合楼作为中心建筑，统领整个校园建筑群，强调学校以学生的素质教育为中心，为国家培育创新型人才的教育理念。

学校的标志性建筑——塔楼，处于整个项目的中心地带，移植于清华大学的“清华塔”。塔高 48 米，塔身上端四方设有报时钟，41 米处设置观景平台，可俯瞰整个校园。塔身造型遵循简洁、现代的整体风格，高塔

体现着“向上、追求、永恒”。

经典空间围合成经济、规整、集约的校园空间，通过连廊设计，使围合更加丰富、优美和生动。设计的场所构件有读书廊、林荫道、大台阶，场景包含大操场、图书馆、小剧场。每个单体设计中都考虑了设置一些舒适安全、环境宜人的交流区域，这样的布置不但加强了师生之间的学习交流，而且还突出了同学之间的资源共享，营造出一种“择善而从”“教学相长”的学术氛围。

按照建筑物的使用功能和形态，结合济南历史建筑文化特征和色彩，建筑材料选择红砖、灰砖、浅灰色石材等，使建筑设计带有回望历史的韵味，符合百年学府应有的气质。建筑的主色调为哈佛红，为红中泛黄的经典颜色，时尚典雅古朴。哈佛大学的建筑多为红色砖，所以有“哈佛红”之说，鲜艳的哈佛红在美国成为资本经济的某种象征，很多高层次的建筑物都以此颜色为典范。“哈佛红”与“济南灰”的有机结合，融古于今，洋为中用，是中西合璧之作。

主体建筑后面为后花园景观，以“林·自然”元素为主题，是校园的“绿肺”，成为学生、教职员工课外活动、交往、晨读、游憩的主要空间。树林分规整的矩阵林与自然林，矩阵林部分，大树与木制灯树池相结合，是园中最主要的交往空间；自然林，以微地形与林间小径为主，形成了趣味散步空间。

在功能分区上，整体布局由“两纵一横”三条轴线统领全局。两条贯穿南北的主轴线将基地分成两大功能区：东侧为高中校园，西侧为初中、小学校园。高中校园有位于轴线中心的综合楼、各年级教学楼、体育馆、食堂组成，以一个中心建筑引领多个院落布置，形成轴线清晰，层次分明的建筑组团。两个校区的中心综合楼及集散广场形成贯穿两个校区的横轴，两个主楼之间互为对景，形成了小学初中和高中校园各美其美、美美与共的形态存在。

在交通组织方面，高中共设一个主出入口、三个辅助入口和一处步行林荫大道出入口。南侧瓦特路开设高中校园主出入口，避开车流较多的城市主干道，东侧海棠路开设车辆出入口。后勤、教师车辆出入口主要位于紫薇路和瓦特路。林荫大道位于中间位置，主要为步行出入，缓解学生上下学时学校门口的人流压力。校园内道路，通过主要功能区外围的机动车道、步行连廊与步行环线组成，达到人车分流的目的。整个系统安全、快捷，有利于学生和教职工学习、工作、生活。环形的步行景观带贯穿校园，将教学区、生活区和运动区串联起来。

整个规划设计，开中有合，收放有度，粗中有细，细中有精。在功能分析、消防流线分析、人行流线分析、车行流线分析、日照流线分析、景观系统分析上均作了科学、详实、缜密、人文的图例。对材料样板的文化选取、空调机位置等都做了匠心独到的设计和专业技术的规范。规划中的结构设计、给排水设计、暖通设计、电气设计等专业技术说明，都给予建设施工以科学规范的指导。事后，规划设计方说，这也是他们迄今为止最满意的中小学规划方案。

这一份沉甸甸的蓝图设计，包含了各方人员的智慧与心血，个中辛苦不胜言表。一天晚上，清华大学建筑设计研究院打来电话让筹建办去取设计资料。为尽快拿到资料，韩庆顺和姚庆星夜赶往北京，住进宾馆时已是凌晨一点多。韩庆顺有高血压，高度繁忙的工作，再加上来时匆忙忘带降压药，第二天和专家交流时他头重脚轻昏昏沉沉，强打着精神和设计师们交流探讨。会后，他俩又马不停蹄地背着四本总重30多公斤的设计方案星夜赶回济南。

清华设计理念在济南西城大地上落地生花，他们都功不可没！

见证者感言

我亲眼见证了大学城实验学校拔地而起，有爱之如家的情结。清华大学的设计方案独特、超前、大气、有内涵，传承了齐鲁大地的文脉，凝炼着中国传统书院的神韵，既脚踏实地，又仰望星空。学校建成后，我很荣幸能留在学校工作，学校先进的办学理念和设计理念相得益彰，浑然一体，置身其中，文风郁郁，其乐融融。

▲ 大学城实验学校筹建办公室副主任 姚 庆

任务书，这个任务不一般

工程设计任务书是确定工程建设项目和建设方案的基本文件，是生产施工的依据和质量管理验收的标准，可称之为建筑界的“基本法”。济南市大学城实验学校高标准、高起点、前瞻性、前沿性的规划设计与施工，步步都有挑战性。能否编制好设计任务书，是基础中的基础，事关重大。这个艰巨的任务就落在大学城实验学校筹建办、济南城市建设集团长清大学城激活提升工程项目部、济南西区建设项目工程管理有限公司的肩上。

济南城市建设集团全称为“济南城市建设集团有限公司”，是济南市六大市级投融资平台之一，主要功能定位为济南市城市建设，主要经营范围为城市开发、建设、投资与经营。长清大学城激活提升工程项目部是济南城市建设集团派出的综合协调机构，主要服务于长清大学城的改造与提升。济南西区建设工程项目管理有限公司是济南城市建设集团旗下公司的全资子公司，主要经营房地产、建筑、建材、工程等业务。

工程设计任务书作为招标文件的附件之一，预设了项目招标前、实施中、交付后的一切标准，是招标工作的重中之重，是前提和基础。类似项目的 EPC 任务书在济南市尚无先例，由济南西区建设工程项目管理有限公司项目经理翟建国牵头组织，山东同圆工程管理咨询有限公司具体承担了编制任务。他们依托自身专业化优势，围绕 BIM 数字化技术工程的实际操作，结合大学城实验学校项目的实施特点精编细作。他们多次和有关设计单位、施工单位、使用单位深入探讨研究，对照繁缛的设计参考标准对比分析，查漏补缺，深化完善，最终形成了可用于大学城实验学校的专项设

中建八局第一建设有限公司
中建八局第一建设有限公司
中建信条·铁军文化
企业使命
拓展幸福空间
企业愿景
最具国际竞争力的
建筑地产综合企业集团

▲任务书设计研讨会

▲ 精磨细节

计任务书。整个任务书有81页，3万多字，深入发毫，精益求精，成为学校从蓝图规划到具体施工指导的“介质”，在工程建设中发挥了巨大的指导作用。

工程设计任务书的完成，与清华大学建筑设计研究院的规划方案形成平行关系，构成了学校工程建设的“双规范，双保险”。规划方案是粗线条勾勒，从建筑的外形、颜色、高度、尺寸、文化、景观、布局等方面进行设计，而工程设计任务书则是细致入微的描画，对每个建筑单体的功能、建筑工艺流程做出了规范化和标准化的要求。

中建八局一公司项目部总工程师马超对工程设计任务书指导施工的两件事至今还记忆犹新。一件是高中部体育馆（八号楼）的创新施工。体育馆楼宇造型复杂，两层楼的外墙高度达到8米多，而墙板最高是6米，整个外墙墙板的衔接建设要求不露痕迹。规划图上直观笼统，中建八局一公司专业人员按工程设计任务书规范标准二次施工，采取多种措施，刨到墙壁底层、打上过梁、增加钢结构件、重新打上埋件，8米多高的底子都做完后再吊装墙板。另一件是工程尾期安排得紧张有序。大学城实验学校建设工期短，尾期现场施工组织难度较大。比如景观、园林、室外管网等建设、整体结构内外精装修等，有的要压茬进行，有的要交叉进展，而整个场地大小是固定的，建筑材料使用和运输量特别大。各单位按工程设计任务书的调控有序工作，像弹钢琴一样，体现了管理上的统筹智慧，合理组织、精密测算、保质保量，保证了现场的良性运转。

任务书最大的特点体现在一个“细”字上。比如工程设计任务书中的

防水要求一项，地下室底板、顶板、侧墙防水采用两道 3 毫米厚 SBS 防水卷材。消防水池的墙、地面及顶棚采用 1.5 毫米厚聚氨酯防水涂料。卫生间地面采用 1.5 毫米厚聚氨酯防水涂料。洗手台周边 1 米范围内，高度 1.2 米做 1.5 毫米厚聚氨酯防水涂料。无障碍卫生间低于室内地面 15 毫米，并以斜面过渡。淋浴间地面采用 1.5 毫米厚聚氨酯防水涂料。可以说是具体到了毫米级，说是绣花也不为过。

再比如对学校绿化配置的要求，在完全满足《园林绿化工程施工及验收规范》(CJJ 82–2012) 的要求基础上，结合当地气候、土壤条件选择低成本、抗病害、易养护的植物。常绿与落叶搭配、速生与慢生结合，构成多种层次、自然和谐的生态结构。植被的尺度色彩与周边建筑环境协调一致，可谓通天气、接地气、拢人气。

大学城实验学校工程设计任务书指标详细、层次清晰、条目分明、文字规范、指导有力，为项目的顺利建设立下了首功，也为我市今后类似项目采用总承包 EPC 模式编制工程设计任务书提供了样板和参考。

见证者感言

经过三个月的紧张筹备、八个月的精心施工和两个月的配套完善，大学城实验学校顺利实现交付使用，这一过程凝聚着建设者太多的心血和汗水。我亲眼见证了济南市大学城实验学校在一片荒芜中拔地而起，从起初的清理杂草树木到建设过程中的机器轰鸣，再到开学典礼的彩旗飘飘。项目建设从规划设计、工程筹备、施工组织、手续

▲ 济南城市建设集团长清大学城激活提升工程项目部经理　宋光华

办理到筹建组织、招生开学一气呵成，如行云流水；从规划设计、施工管理、选材用料、装修装饰、景观绿化等，无不精益求精、至臻至善。项目参建各方分工明确、配合密切、战天斗地，心往一处想，劲往一处使，攻坚克难、勇往直前。我们项目管理团队成员相互支持、相互鼓励，逢山开路、遇水搭桥、摧城拔寨、奋勇拼搏，用实际行动诠释了城建人“使命必达”的奋斗精神。“长风破浪会有时，直挂云帆济沧海”，这段刻骨铭心的经历，必将成为我们不断挑战新高度的不竭动力。

精勘细测，通平并进

万丈高楼平地起，打好地基是关键。

而做好地基的前提就是勘察和通平工作，这是一项说快就快、说慢也慢的工作，清理地表附着物就不是简单的事，如在勘察中遇到地质复杂、文物发掘等状况，就要慢下来。

济南市大学城实验学校的建设不能慢下来，时间不等人，施工建设的重头戏还在后边，勘察和通平工作必须“短平快好”。

“工程勘察，七通一平”是两个建筑流程术语，属于基础设施建设的起始阶段。建设工程勘察是指为满足工程建设的规划、设计、施工、运营及综合治理等的需要，对地形、地质及水文条件等状况进行测绘、勘探测试，并提供相应成果和资料的活动。“七通一平”是指基本建设中前期工作的道路通、给水通、电力通、排水通、热力通、电信通、燃气通及土地平整等的基础建设。

大学城实验学校的土地征收手续已办理完毕，精勘细测即将开始，土地平整是第一步。

为节省时间，济南城市建设集团、长清区大学城建设指挥部和筹建办运用了“通平并进”的策略，定于 2017 年 10 月 29~30 日两天，夜以继日地进行。施工现场荒草遍布、树木丛生、乱石成堆，地势坑洼不平。济南城市建设集团和长兴建设集团调集了 200 多人，出动挖掘机、装载机、大型运输车等 40 余台套，投入到平整土地的作业中。工地上一时机器轰鸣、人欢马叫，一番“沙场征战忙”的热闹景象。经过两天两夜战天斗地的不

▲通平前地貌

懈奋斗，共平整土地 317 亩，清理石料 500 多立方米，移走树木 10000 余株，为精勘细测扫清了障碍。回忆起土地平整的过程，济南城市建设集团主管魏丽琰五味杂陈、感慨万分。他说，因早期拆迁的遗留问题，这里存留了很多绿化树木，集团确立了“讲大局、讲法律、讲人情”的原则，多次与苗木和景观石主人面对面交流谈话，动之以情，晓之以理，帮助他们租赁土地，协助移植树木，依法依规，合理补偿，在最短的时间内将树木和景观石全部移走。接着以迅雷不及掩耳之势，拆除了项目地块内的板房等违建。在平整土地的过程中他最大的体会是“服务引导，坚持原则，灵活机动”策略的成功。

▲ 通平后地貌

勘测工作随即展开，进行地理坐标定位，将图纸上的规划一一对应落地。勘察准确，是基础设施标准建设最原始和最根本的要求，是正常的行业要求和规范程序，也就是我们平时看到的钻石采样、科学分析。看着规划图，一丝不苟地选取勘察位置，取样之后，科学缜密地归纳分析。在“通平并进”工作中，“七通一平”齐头并进，通盘考虑，多管齐下，统筹临时施工给排水和正式给排水、保障临时用电和正式供电、保障施工用材的运输和大型机械的进出场道路的关系。这些规划设计施工到位了，就为随之而来的网络、燃气、暖气的安装施工留下足够的空间和时间。

在短促紧张的进程中，问题和困难层出不穷，大家群策群力，想窍门、找技巧，化被动为主动，变障碍为通途。在前期勘探遇到体形巨大的绿化树木时，为加快进度，又不过多损伤树木，大家想出了“舍末顾本”的方

法。去掉大树的部分枝丫，为探头留出位置。由于时间紧、任务重，建设者们一律住在简陋的板房里，轮番上阵，在电线还没有架设过来、自来水没有通进来、基础设备不全的情况下，大家创造条件，绝不耽误工时。先是从市场上租来大型发电机组，保障电力先行；之后开着洒水车就近买水，保证不间断供水。有了水电，畅通道路就顺茬了，既保证了质量，又缩短了工期，整个流程紧张有序，体现了大学城实验学校建设者们不凡的毅力与智慧。

铁打的营盘流水的兵，大学城实验学校通平建设的工地变成了铁打的营盘铁打的兵。在施工中，有的职工累病了，在病房里还打电话不断询问工程进度。时值初冬，寒气不断袭来，北方已进入了供暖季。在施工中，为了保证施工用电，职工们停止一切生活取暖用电，顶风冒寒坚持工作。大家吃住在工地，节假不休，断绝了与工程无关的社会来往，一门心思就是加快大学城实验学校的建设速度。

在“精勘细测，通平并进”建设流程中，体现出了建设者们精益求精、完美奉献的工匠精神。

见证者感言

“精勘细测，七通一平”基建环节的感人故事激励着我。在施工过程中，我们更加注重了人员、材料、机械、方法、环境五方面的细节工作。面对艰巨任务，人是第一要素，训练有素的职工就像上足了发条一样，连轴转，拼命干；在材料提供上满足施工要求，雾霾扬尘天气里运输跟得上，保质保量及时到场不窝工；在新

▲ 济南西区建设工程项目管理有限公司项目经理　翟建国

材料选用上，达到国家装配式、产业化要求；大型起升吊装机械入场严格工序，采用先进方法和先进流程，在时间短、体量大的情况下,做到井然有序;内部环境上报批报建手续及时,外围环境市政、道路、城管、水电气暖、交通等步调一致。为了学校建设，所有的付出，值了！

EPC，共绘蓝图

EPC，是工程建筑承包中的一个术语，对一般人来说是个陌生词，在业界却是个高频词，是国际通用的工程总承包模式。EPC 是工程（Engineering）、采购（Procurement）、建设（Construction）三词的英文缩写，是指公司受业主委托，按照合同约定对工程建设项目的设计、采购、施工、试运行等实行全过程或若干阶段的承包。它的特点是一揽子、框架式、快捷化，用长清人的说法就是“指山打磨，大包大揽”。

济南市大学城实验学校的建设时不我待，从项目筹办开始，在市有关部门的建议下，济南城市建设集团和市教育局共同拍板确定施工采用 EPC 模式。这是济南城市建设史上第一个 EPC 模式的公建项目，发包方和承建方也都是摸着石头过河，必须战略上大胆，战术上严慎。经过紧张编制，在攻克了工程设计任务书和工程控制造价两个难点后，2017 年 8 月 26 日 EPC 模式承包方案成熟，并于 9 月 5 日在济南公共资源交易中心网站发布了济南市大学城实验学校建设项目总承包（EPC）招标公告。

经过激烈角逐，中建八局第一建设有限公司和济南长兴建设集团有限公司分别中标。中建八局一公司承接了大学城实验学校的高中标段。该公司成立于 1952 年，系世界 500 强企业中国建筑集团有限公司下属三级独立法人单位。公司总部位于济南市，下设 15 家二级单位，注册资本金 10 亿元，具有房屋建筑工程施工总承包特级资质等 13 项专业承包资质，是国家科技部认证的“国家高新技术企业”。

▲ EPC 项目论证会

济南长兴建设集团有限公司承接了大学城实验学校的小初标段。长兴集团是长清本土一家具有国家特级资质、工程设计甲级资质的企业，年产值达 70 多亿元，纳税额连年稳居长清本地企业前列，颇有实力。长兴集团以“不怕困难，追求卓越”为企业精神，体现了长兴人的使命和担当。

一提到 EPC，长兴集团董事长刘继营就兴致盎然，“这个工程真的来之不易！济南大学城实验学校是我市首个 EPC 公建工程，要求高、时间紧、体量大。竞标时对手有央企、本地老牌建筑企业十多家，我们作为一家民营建筑企业在强手如林的情况下并不占据优势。对于 EPC 模式，我们此前没有经验，但是我们对这个项目发自肺腑势在必得，因为这是长清本土的一项关系千家万户的民心工程、幸福工程，必须有长清建筑人的身影与倾心投入”，刘继营说。

济南大学城实验学校建筑面积有 13.9 万多平方米，长兴承建了 56389 平方米。从破土动工到学校拔地而起，他们本着精益求精的态度，拼搏奋进、踏实苦干，一张蓝图绘到底，凭借精湛的技术、昂扬的斗志认真解答了这份答卷。

◀ 筹建办赴外校考察

欲治兵者，必先选将。拿下了大学城实验学校这个项目，对长兴集团来说只是万里长征迈出了第一步。能否建好这个项目，才是公司当时面临的最大问题。为此，长兴集团在全公司内部“点将”，最终确定由全国优秀建造师、公司总经理董春普担任技术总负责人，全国优秀项目经理、公司副总经理刘长纪担任项目经理，公司优秀项目经理冀先财为执行经理，并将该项目列为公司重点工程，全方位监管推进。

项目经理刘长纪人称“小木匠”，对此称呼他也乐得其名，他人生的第一个工作就是小木匠。他虽然学历不高，但是干事业却从不含糊，所建工程基本栋栋优良。近几年领导施工了裕园小区、中润富华园、重汽技术中心、富翔天地、数码港大厦、明湖天地、西客站安置房等几十个项目，其中有多个项目被评为济南市优良工程，荣获建设泰山杯、省结构杯、泉城杯等优质工程称号。面对大学城实验学校这个 EPC 项目，刘长纪施展毕生积累，精心组织、精心施工、精益求精，流淌在长兴人血液里的“工匠精神”在关键时刻被激发出来，激情绽放，精彩呈现。

同时，公司还给项目部配备了敢打必胜的年轻化项目管理班子，秉持大学城实验学校的高标准化特点，积极推进和部署工程的建设任务。多方位集结成熟经验，科学组织、精心管理、严抓质量、严抓安全，组织最大施工力量，确保高质高效的完成合同任务。其中，项目执行经理冀先财，被誉为“施工达人”，他的最大特点是能吃苦，善于“啃硬骨头、打硬仗”。公司还抽调 23 名精锐管理人员，把这个项目班子配备成一个“加强连”，使其成为最有战斗力的团队。

“我在这个项目部盯守了八个月，EPC 是对我们的挑战和考验，我们不能含糊，我和公司第一次这么重视一个建设项目。这也是我们后来进展顺利、屡受表扬的原因之一。能够为济南的教育事业增光添彩，为长清教育增砖加瓦，我们长兴人感到很骄傲。”刘长纪说。

见证者感言

能够参与济南市首个公益性EPC项目建设，为泉城教育事业增砖添瓦，我感觉付出再多也是值得的。特别是项目中标以来，我们项目部从组织策划、过程实施、整体协调等方面统筹管理，出色地完成了合同范围内的所有施工任务，按期完成10余个单体一次性移交，实现完美履约，这充分体现了公司“使命必达”的企业精神。

▲ 中建八局第一建设有限公司副总经理牛化宪

回首240多个日子，有艰辛，有探索，有付出，也有喜悦。下一步，中建八局一公司会继续以全面履约为基础，以卓越品质为保障，为社会、业主提供“超越期望”的建筑精品和优质服务！

幸福都是奋斗出来的。让长清的学子在自家门口、本土企业建设的学校里上学，我感觉这就是最幸福的。济南市大学城实验学校（小初）项目，由长兴集团负责承建，在工期紧、任务重、天气条件差、环保形势严峻的情况下，公司项目团队抢工期、战严寒、斗酷暑，奋战8个月240多天，工程按期交付，

▲ 济南长兴建设集团有限公司董事长刘继营

确保了千余名学生顺利开学。济南城市建设集团、长清区教体局为此专门发来“表扬信”，我们感到非常自豪。长兴集团是在长清大地上发展壮大的企业，根永远在长清，我们能为家乡教育事业做点工作，这是最有意义的。

第二章　西城逐日

见证奠基时刻

经过前期几个月的紧张筹备，济南市大学城实验学校施工前各项事宜已全部就绪，施工队伍兵强马壮、粮秣充足、士气高涨，都在摩拳擦掌地等待着开工的哨响。

2017 年 10 月 31 日上午，秋高气爽，晴空万里。长清大学城瓦特路西首路北济南市大学城实验学校工地现场，简朴而隆重的奠基仪式正在举行。

开工奠基仪式的主席台搭建在刚开辟出的荒地上，现场没有锣鼓喧天，没有气球高悬，简约、节俭，但气氛热烈、振奋人心。

济南市副市长王京文、市政府办公厅副主任孟帅、市教育局局长王品木、济南城市建设集团董事长李国祥，长清区领导王勤光、李成刚、亓明、周波、马训生、韩明清及区教体局等相关部门（街道）负责人，各高校负责人，参建单位代表及媒体记者共 200 余人参加了开工典礼。

奠基仪式由长清区委书记王勤光主持。王勤光的主持词热情洋溢，充满着对长清大学城华丽转身、靓丽重现的殷切期待。他指出，长清大学城经过十几年的发展，已经成为济南西部发展的热点区域。为进一步把大学城打造成生态、生产、生活“三生”融合的人才高地、创新高地、创业高地、科技高地，长清区委、区政府与济南城市建设集团密切协作，聘请了国际一流工作团队，对大学城进行规划设计，同时积极推进学校、医院、商场、娱乐等基础配套项目建设，这些项目的落地开工，标志着大学城整体提升完善工作已经进入快车道。大学城即将迎来新一轮发展的热潮，一座宜居、宜业、宜游的现代化新城区正在加快形成。

▲ 奠基仪式

开工第一铲

济南城市建设集团董事长李国祥在致辞中表示，济南城市建设集团将以对教育事业、对全社会高度负责的态度，精心组织实施，强化协作配合，加快项目进度，保质保量按期完成工程建设任务，努力将大学城实验学校建设成为高标准、超一流的样板工程！之后，施工方代表作了表态发言。

济南市教育局局长王品木在致辞中说，大学城实验学校是济南市委、市政府，长清区委、区政府为解决大学城高校教职工和片区居民子女就学问题而推出的一项重要工程，是两级党委政府重视教育、关注民生的一项民心工程，也是全市教育均衡发展的一项重要举措。市委、市政府高度重视大学城实验学校建设，王忠林市长、王桂英副市长多次听取筹备情况汇报，长清区委、区政府和市规划局、市城乡建设委、市国土资源局等有关部门多次专题研究大学城规划和建设问题。为高标准、高质量、高水平建设大学城实验学校，市、区两级教育部门联合成立大学城实验学校筹建办公室，邀请清华大学建筑设计研究院负责学校方案设计，按省级规范化学校最高标准设计建设，由济南城市建设集团出资代建。学校按学院式风格设计，环境优美，设施设备齐全，它的建成对提升济南西部办学水平，促进教育发展具有重要意义。希望筹建办的同志们以更加饱满的精神、务实

的作风、扎实的工作，坚持高起点规划、高标准建设、高质量管理、高效率运行，把大学城实验学校建设成为具有一流硬件设施、一流师资队伍、一流教育管理、一流办学特色、一流教育质量的人民满意学校，为促进我市教育优质均衡发展做出积极贡献。同时，也希望承建单位能够依法施工，严格施工程序，严格质量管理，确保工程质量，向人民交出一份满意的答卷。

随着王京文副市长以高亢的声音宣布“济南市大学城实验学校开工”，两台挖掘机同时轰鸣开挖，把整个奠基仪式推向高潮。接着各位领导走向奠基坑，手持佩有大红花的铁锹亲自为奠基石培土，一锹锹的土代表着希望与期盼，拉开了济南市大学城实验学校正式开工建设的大幕。

千呼万唤始出来，百年树人看今朝。这座学校的建设承载着济南西城特别是长清区 75 万人民对优质教育资源的渴望，凝聚着长清大学科技园教职工和片区居民 15 年的殷殷期盼。济南市大学城实验学校终于开工建设了，自此长清大学城基础教育进入了发展的新时代！

见证者感言

2017 年 10 月 31 日上午，济南市大学城实验学校盛大开工。从各级领导的致辞中我们施工者可以感觉到，这所学校在济南市、在长清区的分量。我也断定这必然是一场没有硝烟的攻坚战，我们要在很短的工期内，建成一所高质量、高标准、高水平的学校。我们也以饱满的热情来迎接这场挑战，发挥所长，尽最大努力为学校建设做出最大贡献。

▲ 济南长兴建设集团施工技术员 梁　超

要进度，更要科学和安全

4 月 15 日展开地面铺贴和室内墙面腻子施工，计划 4 月 20 日开始贴外墙劈开砖。

4 月 20 日，艺术综合楼、体育馆网架安装完成，室内通风、消防、排水主管道安装完成 60%，桥架安装完成 60%，室内装修正在往楼层运材料。

4 月 25 日前，各楼三层以上墙体完成 80%。

……

这是济南市大学城实验学校总施工配档表中的部分内容。

为保证学校在 2018 年 6 月按期交付、9 月投入使用，各部门和施工单位协调制定了详细而精确的项目进程表，明确了每个时段的建设任务，各参建单位挂图作战、倒排工期、压茬推进。要求 100 天内 14 万平方米 38 个单体全部封顶，正常工期为两年的工程提速至八个月完成，这在济南城建史上绝对是“新速度”。

东风催战鼓，关山度若飞。学校建设工地如拔节的春笋一样天天向上，一天一个样，一月大变样，可谓日新月异，一日三竿。这样的高速度离不开筹建办的统筹安排，离不开各参建单位的通力合作，离不开各环节的安全生产，离不开施工程序的严格规范，更离不开 2000 余名建设者的分秒必争。

在建设中各单位通力合作，统筹调度，压茬施工。筹建办、监理单位、审计单位、项目管理单位等相关建设部门通力合作，手续办理、施工组织、材料采购、现场管理等各个环节压茬进行。项目施工推进以“同步实施，

▲ 施工初期场景

穿插进行”为原则，各项手续同步推进。现场施工中，各类材料提前入场，把各种外部因素对工期的影响降到最低值。

要速度，更要安全。项目正式开工以来，建设方与各施工监理单位以高频度的工作节奏，全面、快速、有序地推进工程建设。为保证工期，2018 年春节期间，所有参建单位都不放假，正常施工。总包单位中建八局第一建设有限公司、济南长兴建设集团有限公司向全体参建人员发出“加班加点抢工期，全心全意保质量，人人参与保安全”的口号，上千名建设者顶风雪、冒严寒，以时不我待、只争朝夕的精神全身心投入到建设中。“大干 40 天，确保在春节前实现项目主体结构全部封顶”“大干 100 天，确保完美履约”等催人奋进的口号激励着建设单位和每位建设者。没有安全就没有一切，济南城市建设集团董事长李国祥强调，安全施工不能有丝毫松懈，在建设施工过程中要时刻加强安全措施，防患于未然。为此，各

▲ 防水新材料铺设

建设单位都做到各项安全防范措施落实到位，并针对冬季气候特点制定了各项规章制度和操作规程，层层抓好责任落实，进一步强化监督管理，严防各类事故的发生。

项目部人员更是“5+2，白加黑，晴加雨”全时段、全天候工作，管理重心下移，加大管理密度，准确把握一线情况，及时调整纠偏。即使在春节、麦收期间，也能保证全部施工人员在岗，极大地保证了项目顺利、快速推进。施工中，严格管理，层层把关，实行“上道工序对下道工序负责，下道工序对上道工序检验”的施工管理模式，在保证工期的同时，一丝不苟地严抓项目质量。为保证施工材料按施工进度及时供应，施工单位提前进行叠合板深化设计及模具加工。项目部组织现场考察竖向板的使用，在基础施工前完成与设计对接，完成前期受力分析和初稿设计，提前深化，提前备料。对地材、混凝土、砌体材料等供应商进行考察，选择综合实力强的单位，以提高提前备料的精准度；针对冬季低温特点，混凝土施工采取保温覆盖、添加外加剂、施工作业层采用彩条布及塑料膜封闭等措施。

在安全快速施工中，新科技也不断被应用，为工程锦上添花。大学城实验学校的小学与初中室内均采用了新风系统，这是新风系统首次被引入长清区的校园。该系统通过新风机净化室外空气导入室内，通过管道将室内空气排出，在室内形成“新风流动场”，从而满足室内新风换气的需要，把不出教室就让学生感受“如坐春风”的梦想变成了现实。建筑的外保温材料分别使用了自保温砌块与 JC 无机渗透 A 级保温板，轻质、防火、遇明火不燃烧、无烟、无毒、隔热性能好，达到了 A-0 防火等级，是目前公建项目中的最高标准。此技术兼顾了传统的低导热、质量轻等技术参数优势，无论是环保性和物理施工性能上均能满足需求。大学城实验学校是济南市第二家使用该保温材料的学校。工程所有建筑屋面均采用油毡瓦铺设，油毡瓦是以玻璃纤维毡为基体，经过浸涂优质石油沥青面后，一面覆盖彩色矿物粒料，另一面撒以隔离材料而制成的新型片状屋面防水瓦材，其主

要特点是更轻、更具防水和装饰功能。

工程即人心，人心即质量。全体建设者们坚守一颗诚心、抱定担当决心，以科学严谨的态度快速施工，为把济南市大学城实验学校建成安全的学校、让家长放心的学校而不懈奋斗着。

见证者感言

大学城实验学校工程的建设时间紧、任务重，我感受最深的是在后期装饰装修上。装饰队伍为了按照时间节点完成任务，不惜代价把经验丰富的师傅从外地调回；为保证材料充足，派人每天检查货源、催促材料进场。由于实行交叉作业，现场各工种人员既多又复杂，装饰队伍采取加班加点策略，展开车轮大战，功夫不负有心人，两年的工程我们用八个月就完成了，自己都不敢相信。

▲ 济南长兴建设集团施工技术员　张　辉

环保施工，守护“泉城蓝”

济南是泉城，是著名的旅游城市，但冬季一到，济南的“气质”却倍受诟病。在全国大城市空气质量排名上，济南曾多年位列最差十城之列。为打赢“蓝天保卫战”，增加“蓝天白云、繁星闪烁”的天数，从2016年起，济南市把大气污染防治作为全市三大攻坚战之一，铁腕治霾，精准治霾，以切实守护住“泉城蓝”。

2017年，济南“蓝天保卫战”进入攻坚期，出台并实施了大气污染十大防治措施，迎来了空前严格和高频次的环保督查。济南市大学城实验学校建设项目于2017年11月15日全面施工，此时正是“蓝天保卫战”的严管期。此前的9月21日，济南市政府下发了《济南市2017~2018年秋冬季扬尘治理攻坚行动实施方案》，对全市2017年10月至2018年3月各类建设工程施工工地提出了严格的要求，明确提出“采暖季（11月15日至次年3月15日）期间，停止各类道路工程、水利工程等土石方作业和房屋拆迁施工”。《实施方案》堪称济南市历史上对冬季施工提出的最严格的要求。

怎么办？学校施工与保卫空气质量都是事关民生的大事。退一步，如果从2017年11月15日至次年3月15日停止施工，原本定于2018年9月1日开学的计划就会破产，大学城片区适龄儿童及大学教师子女按时入学的希望就会化为泡影。如果施工，办法只有一个，办理《民生工程冬季施工特许证》，并严格落实近乎苛刻的各项环保防尘举措。

关键时候，筹建办的同志们勇于担当，做出了“严格按照《实施方案》

▲ 现场洒水作业

要求施工，既要保质量、抢工期，又要守护好‘泉城蓝’的决定”。作为市政府重大民生工程和重点项目，按照济南市扬尘治理与渣土整治行动工作组办公室 11 月 17 日下发的《关于公布济南市 2017~2018 年秋冬季第二批重大民生工程和重点项目清单的通知》要求，筹建办向济南市扬尘治理与渣土整治行动工作组办公室提交了办理《2017~2018 年秋冬季建设工程项目施工通道特许证》的材料。

经过努力，特许获得通过。工地各个环节，严阵以待，严密防护，采取一切措施落实《实施方案》要求。认真落实“六个百分之百”标准要求，即施工工地 100% 围挡、施工工地道路 100% 硬化、土方 100% 湿法作业、渣土车辆 100% 密闭运输、工地出入车辆 100% 冲洗、工地物料堆放 100% 覆盖。现场派专人负责裸土覆盖、雾炮管理及洒水车管理。两个施工现场各有十余台雾炮、两台小型洒水车（带雾炮），一台大型洒水车。主道路两侧设置喷淋降尘系统。基础主体施工阶段，现场除硬化场地外，其余裸土部分采用假草皮全覆盖，现场道路每天定时洒水。工地内渣土及时清运，建筑垃圾日产日清，确实不能及时清运的，使用防尘网（布）对堆存渣土、建筑垃圾、散状物料进行覆盖，切实做到覆盖完整、拼接严密。每个施工

出入场除尘作业 ▶

工程开工前，做到扬尘治理方案到位、在线监测及视频监控到位，并在施工现场明显位置设置扬尘治理公示牌，公开参建各方扬尘治理负责人姓名、举报电话等内容。施工过程中落实“六个百分之百”标准要求情况都记入施工日志，并留存相关影像资料备查。为防尘降霾守护“泉城蓝”，两家总承包单位多支出措施费300余万元。

一时间，工程建设紧锣密鼓，蓝天保卫战更是一刻也未放松。“六个百分百”的保护措施伴随工程始终，济南上空那抹动人的“泉城蓝”有济南市大学城实验学校建设者们的一份贡献。

见证者感言

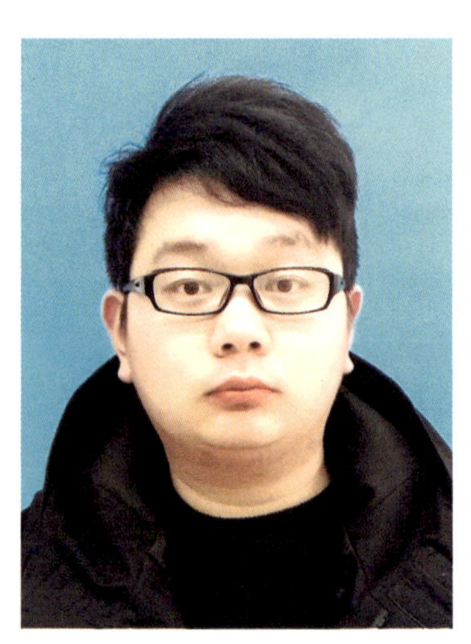

▲ 大学城实验学校 A4 综合楼施工员 刘 通

大学城实验学校是济南市重大民生工程和重点项目，而A4综合楼是整个学校的核心建筑，既要确保施工速度，又要做好环境保护。作为其中的一名施工员，我深感责任重大。A4综合楼项目自开工以来，工人们一直处于热火朝天的状态，要速度、要质量的同时，我们每一个建设者都把打好蓝天保卫战，保护我们的家园作为自觉追求，从开工建设至竣工验收，为做好扬尘治理工作，我负责的A4综合楼建设项目全面落实“六个百分之百”，为改善环境质量尽了微薄之力。

寒日春风关爱情

济南市大学城实验学校的工程在如火如荼地推进中。紧张繁忙苦干日复一日，大家都有“山中无历日，寒尽不知年”的感觉。

不知不觉，2018 年的春节到来了。

工期紧，不放假，工地一如既往热火朝天，机器轰隆，塔吊飞转，中建八局一公司和长兴集团 200 余名工人和平时一样加班加点地施工。

2 月 8 日是农历腊月二十三，是中国传统意义上的小年。下午 2 时许，济南市教育局局长王品木、济南城市建设集团董事长李国祥、副总经理徐文东等领导在长清区教体局局长王少辉陪同下来到工地看望慰问春节期间坚守在一线的建筑工人。王品木一行把油、米、肉和劳保用品等慰问品发放到每一位一线员工手中，并与一线员工进行亲切互动，表达了对广大一线员工的关怀之情，让在寒冬中坚守施工的工人感受到了一缕春风般的温暖。王品木一行还对施工安全、质量进行实地督导，详细询问每个关键环节施工进展情况，听取了项目管理情况、春节加班及节后施工部署方面的详细汇报。并强调：工程建设时间紧、任务重、头绪繁，特别是装饰装修阶段，各个环节一定压茬进行，一天一调度，保证工程建设有序推进，顺利圆满地完成这项重大民生工程，使之成为济南市的精品工程、标杆工程、阳光工程、放心工程。同时也要安排好节日期间工人们的生活，让坚守岗位的建设者们过一个充实、欢乐、祥和的春节！这个春节很冷，但现场几百位建设者切实感受到了来自领导们的浓浓关爱之情。

济南市大学城实验学校是市委、市政府为解决大学城教职工和片区居

▲ 春节送温暖活动

民子女入学问题而建设的重要民生工程，是市委、市政府重视教育、关注民生的一项民心工程，也是全市教育均衡发展的一项重要举措。从决定创建这所学校开始，到施工的每一步推进，每一个环节，无不凝聚着市委、市政府领导和各有关部门领导的心血和关爱。

开工建设以来，市政府副秘书长韩振国、市教育局局长王品木，济南市编办副主任许建勇、副巡视员李继军，市教育局副局长赵辉强、孟凡海，市政府教育督导室主任督学王学东，市发改委、市国土资源局、市规划局、市城乡建设委、济南城市建设集团等市直部门、单位相关负责人，市教育局相关处室负责人多次深入施工现场，对施工安全、质量、进展进行实地督导，并对学校今后的发展定位进行调研。

2 月 27 日下午，济南市教育局副局长赵辉强、孟凡海等领导一行来到学校建设工地施工现场进行工作调研。赵辉强、孟凡海一行实地查看了学校工程进度后，召开了大学城实验学校建设工作推进会。对前期各项工作表示肯定，对项目相关人员的辛勤付出表示感谢，并强调后期办学要办好，

▲ 发放慰问品

将学校打造成大学城的一张名片，要加快施工进度，加强项目管理，确保安全施工，确保学校建设按期完工。

2 月 28 日下午，济南市编办副主任许建勇、副巡视员李继军到大学城实验学校调研。许建勇一行实地查看了学校建设情况，对学校的办学规模、教职工数、未来招生数进行了调研，并表示在学校机构设置、编制配备的问题上市编办将在总量范围内最大限度地盘活机构编制资源，提高编制使用效益，统筹资源均衡配置，向教育领域倾斜，支持大学城实验学校师资力量配备，促进学校建成后教学工作的健康运行。

3 月 8 日，市政府副秘书长韩振国带领由市教育局党委委员、市政府教育督导室主任王学东以及市国土资源局、市规划局、市城乡建设委、长清区和济南城市建设集团等市直部门、单位相关负责人参加的调研组，到大学城实验学校进行走访调研，召开座谈会，听取意见建议。

正是因为各级领导的殷切关怀、鼎力支持，工程建设按时间表快速推进，至 4 月份，各单体拔地而起，校区格局明朗，学校已具雏形。

见证者感言

大学城实验学校是让我感受最深的项目，学校起点高，引入清华设计理念，采用 EPC 模式，施工也采用了很多新技术。建设速度也超快，从开工建设到竣工验收，只用了 8 个月，这是我参加工作以来，见到的建设速度最快的项目。可以这样说，没有各级领导的大力关怀，没有各单位的齐心协力，就不可能用这么短的时间建成这么好的学校。

▲ 中建八局一公司大学城实验学校项目部商务经理　孙　川

保持冲锋的姿态，靠前指挥

为确保济南市大学城实验学校 9 月 1 日如期开学，各参建单位始终保持冲锋的状态。济南城市建设集团、济南市教育局，长清区委、区政府、区教体局领导未雨绸缪，靠前指挥，沉到基层，走到边沿，清除拦路虎，剔除绊脚石，以保证施工进程的流畅。济南市和长清区规划、国土、发改、环保、建设、消防等部门大力支持，供水、供电、燃气、供暖等各单位鼎力支援，为学校建设的高速度、高质量奠定了坚实的基础。

作为代建方的济南城市建设集团，从接受大学城实验学校建设任务的一刻起，就表现出超强的担当和引领意识，集团主要负责人、分管领导、直接责任人和工作人员都千方百计地保证工程进度、确保工程质量。集团党委书记、董事长李国祥，总经理李培杰多次就加快工程进度、保证质量和安全作出批示和要求，并在人力、物力、财力等方面提供坚强保障。在项目施工进程中，各部门领导随机随时召开工作进度协调会，为不误工时，晚上九点开会，凌晨散会已习以为常。为确保学校如期开学，抢工期的理念渗透到工程管理的每一个环节。参与过大学城实验学校工程建设的职工每天都会见到这样的场景：每当夜幕降临，工人们放工时，工地会议室的灯就会亮起来，常常到凌晨才熄灭。这是为了节省白天的施工时间，各部门负责人利用晚上开会，是名符其实的“夜以继日”。济南城市建设集团、筹建办、参建单位和其他项目负责人齐聚一堂，汇报工程进度，商讨遇见的问题，制定出第二天的施工计划和施工措施。有时候，为了一个细节，大家会争得面红耳赤，直至拿出最科学的施工方案。8 个月，每天都是白

▲ 长清区各级领导到现场视察

天施工，夜间开会，时间就是这样一分一秒地抢出来的。2018 年春节期间，为了鼓舞坚守岗位施工人员的士气，大年初一中午，济南城市建设集团副总经理徐文东、大学城激活提升工程项目部经理宋光华、工程一部副部长郭正及部分管理人员来到施工现场，与一线管理人员和工人同吃水饺过大年。大家倍受鼓舞，放下饭碗，一抹嘴又站上了各自的岗位。2018 年 8 月 25 日，是大学城实验高中学生正式入住的日子，因用水量急增，自来水只能到二楼，无法满足工作、生活需要，经查找原因，是因为主水表管径太小。怎么办？郑玉香校长向正在现场检查工作的徐文东副总经理求援。徐文东当即协调济南水务集团，请求支援。水务集团紧急更换了主水表，只用半天时间就解决了问题。

济南市教育局高度重视大学城实验学校建设工作，从项目立项、前期准备、建设过程到竣工验收都是主要领导者之一。2017 年 11 月底，在划拨土地手续办理的关键时刻，市教育局副局长孟凡海虽偶感风寒，仍然亲自上阵，一天三次到市国土资源局对接工作，办理土地划拨手续。市教育局发展规划处处长林钟也一天多次到济南市土地储备中心办理相关手续，并积极协调有关部门加班加点办理手续。抢时间、赶进度、保质量，一个要素都不能少。

大学城实验学校建设的主战场在长清，长清区委、区政府和有关部门充分发挥地域优势，积极参与，克服重重困难，赢得了一次次胜利。

在项目立项时，环评是前置必要条件，按规定没有环评意见无法立项。无独有偶，济南东部某校选址和大学城实验学校类似，当时因为环评问题，一年多都没有立上项，最后问题到了市级层面才得以解决。按程序，在条件满足的情况下环评意见要有 3 天的公示期，公示期满无异议才能生效。2017 年 9 月 18 日是周一，晚上 10 点筹建办人员从济南取回环评报告后，长清区环保局连夜召开专题会议，分析项目可行性。项目得以在周二一早上网公示，周五取得环评审批意见，为手续办理节约了一周的时间。

▲ 济南市教育局局长王品木到现场指导

在开工前的净地环节，崮云湖街道作为地方管理一方，率先行动起来，主要负责同志赵国、何长勇，分管负责同志朱海涛等盯守在现场，动员群众迁坟、清理地上物，一盯到底，不辞劳苦。长清区委常委、政法委书记、长清大学城建设指挥部总指挥李成刚，长清区政协副主席马训生勇于担当，处置果断，带领相关部门负责人对占地企业主进行了有理有据、苦口婆心的劝说。10 月 27 日早上，现场清理人员受阻，李成刚立即赶到现场，直接面对阻工者说："你们这是违法行为，现在不撤出去，我们要立即采取措施，扣留你们的车辆，处理你们的阻工人员！"言词铿锵有力、掷地有声。阻工者思索再三，撤退了。

为确保项目施工顺利进行和学校配套设施及时跟进，长清区委书记王勤光、区长赵居安、副区长周波等区领导多次带领相关部门人员深入工程建设现场办公，为学校建设排忧解难，为建设者们加油鼓气。2018 年 2 月 19 日，是农历正月初四，王勤光到大学城实验学校现场调研，指出大学城实验学校是省、市领导都非常关注的重点工程，一定要严把质量关；同时，要做到安全施工，防尘防霾；要做好绿化美化，提升周边环境；要放眼国际，坚持高标准，不但要打造硬件一流，更要做到软件一流，努力打造全省一流、全国知名的教育名片。7 月 10 日，副区长周波到项目现场，对工程收尾、设施配套、师资配备、设备采购等进行专项调研。

8 月 27 日上午和 8 月 31 日下午，王勤光和赵居安分别到大学城实验学校，对开学前的准备工作进行了调研，并对学校发展提出了指导性意见。

赵居安听取了济南大学城实验高级中学副校长姚庆、济南市长清大学城实验学校校长张绪儒关于开学情况的汇报和相关部门负责人就交通、安全、校地对接等问题提出的建设性建议后，强调各部门要增强事业感，增强服务感，尽职尽责，全力为学校发展服好务。

从无形到有形，从规划到建设，从建成到开学，各级各部门领导都盯紧靠上，用对人民负责的臻于至善之心照亮了大学城实验学校前进的道路。

见证者感言

济南市大学城实验学校是长清大学科技园规划建设“创新创业谷，山水知识城”的重要基础设施配套工程，早已列入全区国民经济和社会发展“十三五”规划，并成为当年全市重点推进的市级重点项目。区发改局作为项目的立项审批部门，高度重视、积极推进，在合法合规前提下，容缺受理、“保姆式”服务，科室人员提前介入，不分节假日，加班加点审查资料。原本10个工作日的办理时间，缩短为2日办理完毕，创造了区发改局审批类项目的最短时间办理纪录。看到项目能在最短的时间内顺利实施并竣工，创造了学校建设的“济南速度”，作为立项审批手续办理环节的亲历者，能为长清发展做出自己的本职贡献，我深感欣慰！

▲ 长清区发展和改革局副局长　彭　臻

全方位控制，全过程监理，全流程审计

项目管理、建设监理和建设项目审计被称为建筑业的“总控师”“体验师”和“把脉员”，一流的工程，必须有一流的项目管理、监理和审计。

济南市大学城实验学校建设项目对项目管理单位、监理单位和审计单位的选择上优中选优，项目管理单位、监理单位和审计单位对工程的把关上则严之又严。项目管理者努力追求“稳、准、快”，确保项目高效推进；监理者努力追求安全、优质和效能；审计者努力追求监督有力、计价准确、控制有效。为全面把好项目管理关、质量管控关和资金关，项目管理单位、监理单位、审计单位严格抓好事前、事中、事后和进度控制，主动介入，全方位控制、全过程监理、全流程审计，筑起了科学施工、精准施工、文明施工、安全施工、廉洁施工的有效屏障。

济南西区建设工程项目管理有限公司作为大学城实验学校项目管理单位，严格要求，狠抓落实，密切协调，明确了“干优质工程，创一流业绩”的工作目标，采取“挂图作战、倒排工期、合理穿插、弯道超车”等策略，从项目实施方案，新工艺、新方法、新材料、新机械，项目构配件供应，项目施工队伍，项目实施社会环境等方面为切入点，组织精兵强将全力投入工程的管理，确保工程能够按计划、有步骤地进行。根据施工总进度计划，认真制定了日、周、月工作计划，并在项目时间周期短、施工内容复杂的情况下，精准协调总包单位及其供应商、监理单位、造价审计等相关参加单位，攻坚克难、众志成城，向共同目标奋进，确保项目全方位控制。

山东易方达建设项目管理有限公司是大学城实验学校的监理方，其项

▲建、控、监、审各方联席会

目监理部负责人王栋表示，作为大学城实验学校项目的监理单位感到非常自豪，自始至终一直遵照“守法、诚信、公正、科学”的监理准则，按照监理实施细则及监理合同规定，以严谨诚实、精益求精的工作态度开展监理工作。易方达公司根据学校规划建设情况，制定了安全监理、冬期施工、见证取样、装配式工程等涵盖小初标段 10 余个单体 3000 多条的《监理实施细则》，分发到各监理工程师手中，并要求熟记于心、实践于行。在事前控制方面，主要是做好材料、方案、技术交底的控制；在事中控制方面，主要是通过旁站、巡视、抽查等手段，对现场正在进行的施工进行动态控制；在事后控制方面主要采取严格检测验收手段，对工程质量进行控制，对验收未达标的检验批工程，严令承包单位进行整改，以确保工程的整体施工质量。

在进度控制上，易方达公司有自己一套独特的方法。37 岁的项目监理工程师桑林说：“我们根据合同总工期的要求以及工程的实际，通过对承包单位人员、材料、进场设备、施工组织管理能力等情况的了解，充分考虑天气、社会环境等因素，会同承包单位制定了切实可行的施工总进度计

▲ 项目管理现场会

划，并对关键节点进行了时间界定。”他家远在济阳，岳父重病，妻子正在二胎孕期需要悉心陪护。但为了监理工作，他发扬“钉钉子”精神，24小时吃住在工地，与监理部人员轮流值班，不分昼夜，不畏严寒酷暑，始终与一线工人站在一起，确保了工程安全与质量。他说：“建筑质量无小事，何况这是建一所高规格的学校，安全质量非同一般。作为平凡岗位上的平凡一员，为教育多付出一点，为孩子们安全快乐舒适地学习多辛苦一点，值。试想，如果将来我的两个孩子也在这所学校上学，我会是多么的自豪和欣慰！”

在整个施工过程中，监理方全时段在岗，随叫随到。工程基础、主体阶段建设时正值冬季，混凝土浇筑工作时常从晚上干到早上，有的连续浇筑时间长达 38 个小时。监理人员轮班全程旁站，严格把控浇筑质量。26 岁的项目监理工程师王成行原计划 2018 年 5 月 1 日结婚，为了这项民心大工程，他把婚期推了又推。最后实在不能再推了，举行完结婚仪式，第二天他就回到了岗位。他说，这别样的蜜月更有一种幸福滋味。

防范始于未然，安全重于泰山。项目监理部始终将安全放在首位，在监理部密集的安全检查与施工单位的紧密配合下，项目建设中没有任何安全事故发生。学校 A4# 综合楼部分区域为高大模板支撑体系，项目监理部为此建立危大工程档案，根据工程特点编制了高支模监理细则。方案审查后要求施工单位按照规定组织专家论证，施工单位按照要求进行了完善。项目部密切关注天气状况，遇恶劣天气预警及时通知施工单位做好安全防范措施。在每周三专题检查中，严查安全防护措施，不论大小，不放过任何安全隐患。在 10 台塔吊、9 台升降机安拆时进行了监理全过程旁站。

“从一片荒芜到如今的耀眼红砖，生机绿地，已忘记了是如何度过的，当看到学生们站满操场的那一刻，一种自豪感油然而生，所有经历像电影般浮现眼前。”王栋感慨道，“这一切，都值了！”

瀚景项目管理有限公司作为总承包审计单位，和市教育部门有多年的

合作关系，在教育工程领域享有盛誉，曾经承接过大量教育工程的跟踪审计工作。该公司自 2017 年 7 月起接到此项目任务后，选派精干力量，先后赴市重点高中、初中、小学调研 10 余次，组织策划不同业态类型方案近 30 项，召开磋商会议百余次，用半个月的时间昼夜加班，数易其稿，最终确定了小学初中标段 2.6 亿元、高中标段 3.8 亿元的控制价。事实证明，此价位经受住了检验，既保证了项目实施，又节约了国家资金。在 2018 年底结算过程中，瀚景项目管理有限公司两位职工，在严寒中同项目管理、监理、施工单位进行测量，赤手记录数据，手冻得像红萝卜，当被问及为什么不戴手套时，他们笑笑说，戴了手套，字写不好，不清楚，担心弄错了。

见证者感言

能够成为济南大学城实验学校项目的管理者，我感到非常自豪；同时，又倍感压力。但梦想促使我们驰而不息、永远前行。在时间紧、任务重、压力大的情况下，我们项目管理部全体管理人员栉风沐雨、披星戴月，上下一心，团结一致，众志成城，以“舍我其谁”的斗志、“狭路相逢勇者胜”的亮剑精神，跟时间赛跑，与寒暑共舞。历经 8 个月、240 余天的努力奋进，顺利完成项目实施范围内所有建设内容，我想我们完成的不仅是一所学校，而且还是一种使命必达的担当精神！

▲ 济南西区建设工程项目管理有限公司项目管理部经理　张　兴

作为监理人，自2017年10月底介入项目以来，我们始终将“质量第一位，安全大于天”铭记于心，为了学生们的正常入学，我们在赶工，更是在赶考。监理部与各参建单位紧密配合，一同走过了风哮霜落的冬天、只见绿网不见草木的春天、随身携带藿香正气水的夏天。在这8个月、240多个日日夜夜里，每天平均两万步，我们不仅见证了现场的材料、试验与施工过程，而且还见证了一线施工人员的辛苦，见证了一所学校从根基到拔地而起的成长，更见证了一种精神。

▲ 瀚景项目管理有限公司项目负责人 李传旺

作为建设工程项目的咨询审计人员，自接到任务的那一刻起，便肩负咨询人的神圣职责与使命，提前介入做控制价。置身大学城实验学校全过程咨询审计过程，见证了学校每一天的点滴变化，我为是其中一员倍感荣幸，更深刻体会到了“有温度的济南教育”。我骄傲，我是教育事业的“搬运工”；我自豪，我是幸福事业的“创造者”。

▲ 山东易方达建设项目管理有限公司项目监理部负责人 王 栋

栉风沐雨，战霜斗雪，创造“济南速度”

“加班加点抢工期，全心全意保质量，人人参与保安全”

“5+2，白加黑，晴加雨，冷加热，全天候，全时段，抢工期”

“大干 100 天，确保完美履约”

“大干 40 天，确保春节前封顶”

……

工程一破土，济南市大学城实验学校的施工就像射出的利箭鸣镝，带着飞响一往无前。看看这些激动人心、催人奋进、掉皮掉肉不掉队的口号就知道，这个工程一直是在白热化中进行的。

艰难困苦，玉汝于成。“拿下这个大项目是对我们的考验，干好这个工程更是对我们的考验。”长兴集团项目部执行经理冀先财说，“为保证工期和施工质量，项目管理人员更是一天 24 小时待在工地上，我就曾一个多月白天黑夜守在工地，没有回过一次家。”在项目攻坚期，长兴集团专门开辟了商砼生产线，全力以赴支持工程需要。项目部组织了 1000 多名工人昼夜奋战，力促项目按期完成。很多施工人员甚至把家都搬到了工地，帐篷一扎，板房一插，就成了临时的“家”。那段时间长达 1 公里的紫薇路南北两边放满了电动车、自行车，足足有上千辆，这些都是工人们的“坐骑”。

“为了保证 9 月 1 日开学铃声准时响起，我们长兴人拼了，多付出点、多花点钱、多吃点苦又算得了什么呢！”长兴集团副总经理董春普说，“政府把这个项目交给我们，就得把它打造成精品项目，无论什么困难都得想

▲ 工地雪景

法克服。”技术负责人张晖家住常春藤小区，虽近在咫尺却“十过家门而不入”。“栋号长”贾华西、吴言梁、刘涛、董云龙、郑文珂24小时坚守在工地，年三十晚上喊出的口号是：“摸黑照着星星走，吃了饺子就下手。”

中建八局一公司在春节期间更是人不站马不歇。农历腊月二十七，正是农民工返家团聚的高峰，工地遭遇了用工荒。中建八局一公司紧急委托劳务公司招募了30多名民工，坐飞机从江苏省南通市起飞，星夜直飞1000多公里，赶赴大学城实验学校工地加紧施工。民工坐飞机“上市赶工”，一时在工地传为佳话。项目生产经理李栋说：“2019年的春节，我们奉献给长清了。工期提前一天，孩子们入学就早一天。”专业工程师胡博一直坚持盯靠在工地，为此婚期一拖再拖，直到婚礼临近，答应给新婚妻子准备的戒指还没有兑现。当得知这一情况后，中建八局一公司项目部在他婚礼的前一天，派公司无人机给他送来了一枚钻戒，胡博眼含热泪激动地说：“这枚钻戒对于我和未婚妻来说包含的价值比钻石还珍贵。”

▼冬季保温作业

加班加点建设者们倒不怕，就怕遇到恶劣天气。工程开工时已近初冬，随着工程进展，天气渐冷，进入腊月，更是寒气袭人。2018 年 1 月 18 日下午，济南市气象台发布寒潮蓝色预警：预计 19 日下午到 20 日全市将出现大风和降温天气，过程降温幅度 8℃ ~10℃，20 日早晨最低气温，北部地区及山区 –11℃左右，其他地区 –8℃左右；19 日下午到夜间北风 4 级，阵风 6~7 级，请注意防范。寒潮骤至，工地上滴水成冰，呵气成凌，此时正是各单体主体混凝土浇筑的关键时期，战胜严寒，保障好冬季施工成为迫在眉睫的关键。面对寒流，中建八局一公司、长兴集团的建设者们以“工作热情”和“工匠精神”回答严寒：将教学楼整个外墙和屋面用彩条布全部包裹，形成一个密闭空间，室内则采用电暖器升温，创造出适合施工的温度环境，保证施工进度不受影响。为了这些保温措施，他们预算外支出了 30 多万元。天气是有成本的，但什么成本也比不上时间成本，保证孩子们开学上课重于一切，不能耽搁，要像爱护孩子一样精心施工。

严寒好熬，酷暑难耐。严寒就是几天的事，忍一忍就过去了，可长清的夏季是漫长的，闷热多雨、高温绵长，在工地上施工的滋味真不好受。中建八局一公司钢结构专业分包负责人徐先助带领手下最优秀的五名焊工负责高中综合楼焊接屋面采光顶钢骨架。为确保按节点竣工交付使用，保证熔滴的平稳过渡，焊接作业人员忍受高温、高辐射、高强度，即使火星落在手上也无暇顾及。8 月初，受台风“海棠”影响，济南市普降大雨，局部暴雨，工地上风如鞭雨如注，虽然主体都已完工交付，但还有一些收尾的工作，在保证安全的情况下，大家坚持室内施工。总工程师马超不论前一天干到多晚，每天早上 7 点准时到达项目办公室，8 个月如一日，组织协调整个项目的生产和解决技术问题。商务经理孙川为保证队伍进场顺利，刚出生的孩子发着高烧，他也坚守在项目一线，全力保障施工进行。“那段日子，我们每名施工人员随身都备着几瓶藿香正气水，还有一块一拧就出水的毛巾。一天下来，身上的衣服碱花一片一片的，又酸又硬，脱都不

好脱。”马超说。

一次次嘹亮的冲锋号角，一场场艰难的攻坚硬仗，无不记录着大学城实验学校建设者们铿锵的步履、坚实的足迹和奋斗的身影。在济南城市建设集团及相关单位的大力支持与配合下，大学城实验学校筹建办、总承包单位、监理单位、审计单位、项目管理单位通力合作，分秒必争，按照预定计划实现了100天14万平方米38个单体全部封顶，并于2018年6月30日房建、室外配套工程验收交付，创造了“济南速度”，为济南建设建筑史增添了浓墨重彩的一笔。

8个月243天，在历史长河中如白驹过隙，但是对于济南市大学城实验学校的建设者们来说，这是一个创造奇迹和见证奇迹的历程。正是建设者们的栉风沐雨、战霜斗雪的坚守和奉献，铸造出一种精神叫“勇往直前”；磨练出一种品质叫“寒暑不辍”；创造出一种效率，叫“济南速度”。

见证者感言

与济南有缘，与大学城有缘，与长清有缘。中建八局第一建设有限公司自从参建这项重点工程，就把做“良心工程”“放心工程”放在了首位，早已把学校作为情感归属和精神寄托的载体，大家不愿意见到工程上有任何瑕疵，正是共同的精神追求成就了“极速工程”，创造了济南奇迹。

▲ 中建八局公司项目部总工程师马超

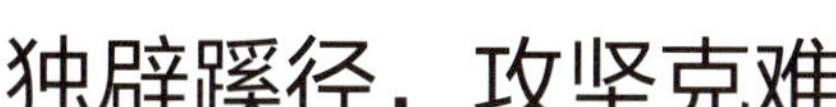

独辟蹊径，攻坚克难

济南市大学城实验学校是大体量、高标准、精细化的市级重点民生工程，加之时间紧、任务重，施工中难题不断。

“破难题，攻险关，抢工期，保质量”是铭刻在每个施工者心中的“座右铭”。

在创造100天、14万平方米、38个单体全部封顶的济南建设“新速度”的同时，工程中的难题也被一一攻克。“明知山有虎，偏向虎山行”，建设者们虎虎生风的虎劲儿让“拦路虎”们逃之夭夭。

为加快施工进度，提高建设质量，项目部全过程应用了BIM技术和GIS技术。所谓BIM，全称是Building Information Modeling，译为“建筑信息模型”，是一种新兴的建筑设计方法。与传统的二维图纸不同，BIM是三维、四维，甚至更多维度的叠加，在构建建筑物三维模型中，还能加入时间的维度。所谓GIS，全称是Geographic Information Systems，译为“地理信息系统”，是以地理空间为基础，采用地理模型分析方法，实时提供多种空间和动态的地理信息，是一种为地理研究和地理决策服务的计算机技术系统。它可将数据收集、空间分析和决策过程综合为一个共同的信息流，能明显地提高工作效率和经济效益。

济南长兴建设集团副总经理、大学城实验学校项目经理刘长纪说，BIM技术有许多好处：一是全生命周期。一个建筑从设计阶段、施工阶段、销售招商到运营管理，都可以通过BIM进行全方位的设计和模拟。设计、施工、运营等各个方面的讨论，都在可视化的效果下完成。二是协调性更好。

▲ 施工现场

在二维设计中，建筑、结构、水、暖、电等五个部门，各有各的图纸，各专业设计师沟通若不到位，常常会出现“交插碰瓷”现象。而BIM具有更好的设计协调性，方便大家协同设计，及早进行冲突碰撞检查。三是开展模拟与优化，控制成本与工期。使用BIM可以进行节能模拟、日照模拟、施工进度等多方位的模拟，方便做更多更好的优化，开展特殊设计的优化、成本与工期的控制等等。

▲ 施工现场

BIM技术和GIS技术的应用，大大加快了施工速度与精度。38个单体、14万平方米的建设任务同时施工，设计结构复杂的建筑物也一目了然，可谓事半功倍，一举多得。

在冬季施工中，建设者们创造了“暖棚施工法”。在-10℃的严酷天气中，大家在施工建筑物的四周搭设脚手架，用作暖棚四周的封闭维护。搭棚完成后在架体侧面，从里到外依次铺设篷布、草帘、毛毡、塑料薄膜等保温材料。棚里再安放一些取暖设备，保证暖棚内平均温度在10℃左右，最低室温也保持在5℃以上。此种方法的运用，保证了施工质量，改善了工人们的工作条件，让冬季施工更加顺畅。“利用暖棚法施工，最大的隐患是防止起火。为此，我们用岩棉进行防火隔离，对冬季施工测温、试验、消防安全等进行了先期教育培训，进一步明确了岗位职责，确保了冬季施工万无一失。”济南长兴建设集团大学城实验学校项目执行经理冀先财说。

建设中还有些“小发明、小创造”，小巧玲珑，简单实用。有人说发明就像“捅窗户纸”一样简单，但是不动脑筋，不上手实验，这层“窗户纸”永远也不会破。在安装防撞模板时，需要将模板多次移动，费工费力不说，还存在安全隐患。项目组一碰头，“诸葛亮”会一开，一种小型简易吊装

设备应运而生。这种设备如同诸葛亮发明的“木牛流马”，省时省力又安全。吊装设备利用杠标原理，采用直径 5.5 厘米钢管焊接而成，在轮轴上焊接呈扇形分布的两个三角架，前端为吊钩，后端为人工扶手，以车轮为支点。它的特点就是移动方便，节约人工，节约工费，降低工程成本，加快了工程进度，降低了施工的危险性，而且线形优美，定位准确。

谈起施工中的困难，冀先财深有感触地说：“施工强度高、难度大，有时成本比平时高出一两倍，但我们心中只有一个目标：攻坚克难，加快施工；保质保量，如期交工。”

见证者感言

▲ 济南长兴建设集团副总经理 刘长纪

长兴建设集团前身为 1975 年成立的归德公社建筑队，现在已发展成为一家综合类大型企业集团。俗话说：“饮水思源，知恩图报。”心系民生，回报社会，一直是长兴人的不懈追求。在大学城实验学校项目中，因工期紧、任务重，以往的周转材料无法正常周转，以往的交叉工序无法正常推进，都导致了成本成倍增加，但我们还是义无反顾，因为我们觉得“为了这个民心工程，可以不计成本”。“可上九天揽月，可下五洋捉鳖，谈笑凯歌还。世上无难事，只要肯登攀。”大学城实验学校项目在任务重、工期短，施工难度大、环境差的条件下，能如期顺利地竣工验收，也创造了长兴集团建设史上的一个“奇迹”。

掀起你的盖头来

业界有这样一个形象的比喻，搞建筑如同制瓷，打基础就是“捣泥”，主体框架是 “做坯”，建筑装修则是“上釉和彩绘”，一座优良建筑工程要像精品瓷器一样，好用也要好看。

济南市大学城实验学校的建设也是如此，建设者们一丝不苟、精雕细琢，把它当作一件精美的瓷器去制作，极力去体现它的力度之美、和谐之美、韵律之美、意境之美。

2018 年 4 月，工程推进到了室内装修阶段。“建筑主体的完工才是总工程量的一半。装饰、装修，是一个仔细活，工作量更大，精度、难度更高。质量的好坏、是否环保，人们打眼一看就知道、提起鼻子一闻便清楚。”长兴建设集团大学城实验学校项目部现场执行经理冀先财说。4 月 15 日，随着室内装修材料上楼、外墙劈开砖开贴、地面铺贴、室内墙面腻子施工的开始，“百日装修”大会战拉开序幕。

在装修会战开启之前，中建八局一公司、长兴建设集团项目部一致认为，这是精品工程，是引入清华设计理念的大手笔作品，里里外外都要把这项工程建设成为样板工程；在装修中，不管是设计、材料还是工艺，都不能局限于固有的思维，要跳出长清甚至是跳出济南这个圈子，打开眼界，求取“真经”。项目部的设计团队、采购团队、施工团队远赴上海、北京等地学习考察。为了取得“真经”，施工项目部的工作人员利用周末时间去“爬楼”。北京几十层的高楼大厦，没有门禁卡，他们只能一层一层地从消防楼梯走上去，看材料、看工艺、看施工细节，洒下的是汗水，收获

▲ 外装施工

的是见识。

在装修进程中，细心的人会发现，工地上找不到一滴油漆，也闻不到油漆的味道，完全颠覆了传统装修中熏眼、刺鼻，时间一长就头晕脑胀的状况。这是因为项目部采用了固装板成品安装的新工艺，所有的造型木饰面都是在工厂预制完后，再运到现场安装。墙漆施工则采用喷涂方法，完全抛弃了现场做油漆的传统工艺，满足了办公楼绿色、生态、环保的建设要求。同时，办公楼、教学楼内的卫生间防水涂料采用 JS 防水，而非传统的聚氨酯防水，天然石材采用防碱背涂工艺，避免了石材的挥发放射性。

为保证工程质量，项目部在选择施工队伍上也是精挑细选，他们精选了四支曾做过鲁班奖项目的施工队伍，如行政楼、体育馆大厅的石材干挂队伍，曾经参与过鲁班奖工程的石材干挂施工。“虽然人工费昂贵，但是值得！”中建八局一公司项目部总工马超说，宁愿多花一点钱，在施工队伍的选择上也不能滥竽充数。项目部对施工队伍的要求也很苛刻，墙地面

▲ 内装施工

的对缝、石材的排版等都要求将误差控制在国家验收标准以内，大部分是增格要求，一经发现不合格，当场敲掉重做。

工程是否精致往往体现于细节之中，楼梯的踢脚线、滴水线也就成为考验一个装饰工程是否用心的“试金石”。学校行政楼楼梯的踢脚线采用半暗藏式，在墙体上开 1 厘米的深槽，2 厘米厚的石材踢脚线半明半暗的暗藏进墙体，既美观，又避免了楼梯间积灰。滴水线采用白麻石材做鹰嘴式处理，如遇到积水，会沿滴水线整齐有序地排出，保证了楼梯的干净、整洁、无积水。在教室照明灯具的选择上，眩光度等指标要达到国家标准，这关系到千百个孩子的视力保护问题，经过细致比较，全部安装了 LED 面板灯。细微之处显精神，不管是选材还是施工，项目部都是精雕细琢、精益求精。

为了赶工期，在主体施工阶段大家拼了，在装修阶段大家更是拼了！早上 5:00，冀先财每天准时唤醒项目部的同志；6:00，他们与工人师傅一起上班，认真检查班前是否交接到位、安全措施是否有保证、工作面是否完整；晚上下班后，他们和工人师傅一起查看是否工完料清、是否断电、是否达到质量要求。在施工的高峰期、关键期，施工现场有上千人、五个劳务队伍分为十个梯队“两班倒”，日夜赶工，几十名管理人员日夜轮班驻守现场。春节、五一、端午节期间，他们依然没有休息，把每个楼层、每间办公室当作自己的家。紧张时刻，冀先财干脆连家也不回了，累了就在办公室小憩。他到市里办事，几次路过自己家所在的小区，也只是到楼上站了站，连在家住一晚的时间也没有。同事们都笑称“古有大禹三过家门而不入，今有老冀三次回家而不宿”。

2018 年 6 月 30 日，大学城实验学校项目主要建设工程顺利交付，“百日装修”大会战提前收官。“掀起你的盖头来，让我看看你的脸”，激动人心的时刻到来了。当大家登堂入室走进每座建筑物，走近每一面墙、每一个角落，摩挲着每一个细节，无不惊叹这就是一件件艺术品。

总之，它们体现着力度之美、和谐之美、韵律之美、意境之美。

见证者感言

一个好的施工者，就是要把设计师的理念完全投射到建筑物上，这是他的最高境界。就如同一个读者把作家的真实想法、意图表达出来一样。大学城实验学校由清华大学建筑设计研究院知名专家设计，是名副其实的精品工程、标志性工程。为了真实体现设计者的理念，我们反反复复与专家沟通、熟化。在选用装饰材料上，坚持环保先行；在施工质量上，坚持“细节决定成败”；在施工进度上，坚持“拼上、豁上”，争当新时代的“拼命三郎”；在赶工期上，坚持上下“一条心、一盘棋、一股劲”，整体推进，协调有序。工程最终得以形质兼美地展现出来，设计方和使用方都很满意。

▲ 济南长兴建设集团大学城实验学校项目部执行经理　冀先财

验收考核，掌声响起来

2018年8月10日，在大学城实验学校校园里，济南市工程质量与安全生产监督站的质量验收人员，以热烈的掌声对工程质量表示顺利通过。

8月21日的家长体验日上，这一幕又重演，家长们面对大气磅礴、美轮美奂的学校建筑和钟灵毓秀、高雅优美的校园环境竖起了大拇指。

济南市大学城实验学校工程完美收官，博得专家和市民的“双赞”。

工程项目的竣工验收是施工全过程的最后一道程序，也是工程项目管理的最后一项工作。它是建设投资成果转入生产或使用的标志，也是全面考核投资效益、检验设计和施工质量的重要环节。对大学城实验学校工程的验收，专家做得既细又密。以A10#塔楼项目的验收为例，首先施工单位向建设单位提交《大学城实验学校建设项目A10#塔楼建筑工程竣工验收报告》，报告涵盖了建筑面积、结构类型/层数、施工单位、勘察单位、监理单位、施工许可证号、规划许可证号、工程造价、工程概况等建筑工程详尽资料以及验收组成员的姓名、单位、专业、职务、职称等个人资料等。建设单位收到工程竣工报告后，对符合竣工验收要求的工程，组织勘察、设计、施工、监理等单位和其他有关方面的专家组成验收组，制定验收方案。接着，建设单位在工程竣工验收7个工作日前将验收的时间、地点及验收组名单书面通知负责监督该工程的工程质量监督机构。最后建设单位组织工程竣工验收。这一步也是最重要的，具体包括建设、勘察、设计、施工、监理单位分别汇报工程合同履约情况和在工程建设各个环节执

▲ 塔楼施工照

行法律、法规和工程建设强制性标准的情况；审阅建设、勘察、设计、施工、监理单位的工程档案资料；实地查验工程质量；对工程勘察、设计、施工、设备安装质量和各管理环节等方面作出全面评价，形成经验收组人员签署的工程竣工验收意见。专家们对塔楼进行了五大部分、37 个项目的验视，才在“验收结论”栏写下“符合要求”，在“验收意见”栏写下“经检查，符合设计要求及质量验收规范规定，并满足使用功能”。

工程竣工验收中，还提供了《工程竣工申请表》《工程质量评估报告》《地基与基础、主体砼结构及重要部位检验报告》等一大批报告资料，以及勘察、设计、施工、监理等单位签署的质量合格文件，消防、环保、防雷、燃气、电梯等部门出具的验收意见书或验收合格证等一大批文件。

施工安全也是验收涉及的项目。作为一个大体量的工程，在 240 余天的紧张施工中，没有出现一起安全事故，专家们专门问询了相关经验和做法。在安全施工上，项目部把关严之又严，紧绷安全这根弦不放松。学校中心塔楼的施工很能说明这一点，塔楼是全校的中心和制高点，设计灵感来自于清华大学校园内的“清华塔”。塔楼是个“细高挑”，高 48 米，内外皆是方形，内部施工工作面只有 5 米见方。塔楼分内外两层，中间是楼梯，塔内没有窗户，只有顶部一个出风口。空间小、空气不流通，炎炎烈日的天气别说干活了，就是从塔底爬到塔顶，就已经气喘吁吁汗流浃背了，很多穿插工序根本无法进行。为了安全施工、高质量施工，项目部在塔底部安装了一个吹风机，在顶部安装了一个抽风机，加快塔内空气流通，保障施工人员安全。在施工的同时，质检人员及时跟进，发现问题立即改正完善。就这样，这座标志性的建筑保质保量一气呵成，成为了大学城实验学校的代表和象征。

验收过后，大学城实验学校于 8 月 21 日举办了校园体验日，对家长和社会开放。此时，招生工作已结束，2018 级学子成为这里第一届主人，

▲ 家长体验日

大家都渴望第一时间看看自己的“家”。翘首以盼的家长们涌入新建成的校园，近距离参观了教学楼、实验楼、宿舍楼、餐厅、体育馆（含室内游泳馆）等软硬件设施。学校气势恢宏，建筑风格中西结合，收放有度，点面结合，贯穿了围合、通透、环保一体化的前沿理念。学校教学区、运动区、生活区、休闲区既相对独立，又廊阁相连。各教学楼一楼最大限度保留空敞式框架结构，可充分满足学生娱乐健身、课外学习的需求。校园绿化花草树木搭配合理，相得益彰。大块绿地采用生态化、园林化设计，以“点、线、面”结合，路旁有绿荫，广场有景观，校园有花草，到处绿意盎然。

“从博学楼到润泽楼，从卓然楼到悦动馆再到大操场，从中通达济广场，到大学堂、富有特色的杏坛，校园的每一个角落，不仅美景如画，而且还蕴含着浓厚的文化气息。这是最大的民心工程，这是我们济南教育新的高地和增长点，这真是孩子们理想的‘家’。”一位学生家长在学校体验日上说。

见证者感言

济南大学城实验学校创造了济南建筑史上的“济南速度”，但要速度更要质量。在建筑工程质量验收中，本着“将责任扛在肩上，将使命刻在心中”的情怀，由项目甲方、勘察、设计、监理、施工方组成的验收考核组，严格按照国家有关验收标准，对所有建设项目进行了仔仔细细的检查，准备了全面详实的验收资料。在济南

▲ 中建八局公司项目部经理　纪春明

市工程质量与安全生产监督站宣布“大学城实验学校项目顺利通过验收”的那一刻，我们无比的激动，心中顿时升起一种前所未有的成就感和自豪感，我们把这项民生工程真正建成了安全工程、放心工程、示范工程。

济南市長清大学城實验学校

第三章　立校岩岩

九月，启航

2018 年 4 月，济南大学城实验高级中学筹建组成立；

6 月 30 日，济南市大学城实验学校项目顺利交接；

7 月 28 日，90 名优秀教师到位，由“省实验中学骨干教师 + 市直属高中推选的优秀教师 + 全国范围内选拔的优秀毕业生 + 精挑细选的中青年教师”组成的教师团队成立；

7 月 30 日，501 名高一新生报到；

8 月 25 日，开始军训。

金秋九月，开学季到来，大家翘首以盼的大学城实验学校开学典礼如期而至。9 月 3 日，夏日炎威虽在，但秋风渐爽。曙光初露时，天空显出调色盘般绚丽的色彩。济南市大学城实验学校内彩旗飘扬，声乐阵阵，群贤毕至，少长咸集。今天是学校开学典礼暨揭牌活动的日子，凝聚着广大建设者心血、智慧与汗水的这件伟大作品从这一刻起，将以完美的姿态投入使用。

上午 9 时，仪式正式开始。中共济南市委副书记、市长孙述涛，副市长王桂英，市政府副秘书长、办公厅主任倪志纯，市政府副秘书长韩振国，市教育局局长王品木，济南城市建设集团董事长李国祥，中共长清区委副书记、区长赵居安，长清区教体局局长王少辉等领导及相关人员出席了仪式。

出席活动的大学城高校领导有：山东师范大学副校长王洪禹、山东中医药大学校长武继彪、齐鲁工业大学工会主席冯喜平、山东艺术学院院长

▲ “首届学子，启航！”新生见面会

王力克、山东工艺美术学院院长潘鲁生、山东交通学院院长陈松岩、山东女子学院院长盛国军、山东管理学院副院长杨茂奎、山东劳动职业技术学院副院长刘爱林、山东省社会主义学院副院长尹晓民、济南幼儿师范高等专科学校党委书记黄祖杰、山东圣翰财贸职业学院校长助理袁延清等。

出席活动的大学导师代表有：北京大学化学与分子工程学院党委书记马玉国教授，清华大学全球学校与学生发展评价研究中心副主任王刚博士，复旦大学化学系雷杰副教授，中国科学技术大学近代力学系司廷教授，山东大学数学学院、泰山学堂主讲张天德教授，山东师范大学外国语学院、翻译硕士中心主任徐彬副教授，山东中医药大学药学院生药系李峰主任，齐鲁工业大学吉兴香教授，还有外教代表 Raymond（雷蒙德）和 Karl（卡尔）。

升国旗、唱国歌后，播放了视频，回顾了学校建设和师生筹备开学的历程。随后中共济南市委副书记、市长孙述涛，大学城实验高中校长郑玉香为济南大学城实验高级中学揭了牌；副市长王桂英、长清大学城实验学

▲ 新生见面会现场

校校长张绪儒为济南市长清大学城实验学校揭了牌。师生献词后，全体教师起立，高举右拳，面向国旗宣誓。

典礼结束后，孙述涛一行察看了济南大学城实验高中的总体布局，听取了学校负责人的情况介绍。在卓然楼一楼会议室，孙述涛与前来参加活动的导师代表、驻长清大学城部分高校负责人进行了简单交流。接着，孙述涛来到长清大学城实验学校教学楼，察看学校教室及创新工作，观看学校教育专题片，听取学校负责人“完整人教育成就完整学生”办学理念情况介绍。

“热血浇起楼林立，此处桃李应满园”，8个月，240多个日夜，14万平方米的建筑量，几千人血汗挥洒，与时间赛跑，和困难博弈，智慧融入砖瓦，汗水浇入砼基，期待的目光和大厦一同成长，心灵和开学铃声一起律动。终于，建设者将这艘超级航母般的学校推出船坞，驶入航道，她载着崭新的希望就此启航。

见证者感言

平生第一次参加这么隆重的开学典礼，作为一名家长我见证了一个历史时刻的开启。大学城实验学校是高起点、高标准、高水平、高品质的现代化学校，凝结了传统书院的神韵，软硬件设施时尚先进，教师团队认真负责、业务精湛。我们认定这就是孩子的“家”了。学如弓弩，才如箭镞，祝愿我们的孩子明天更美好！

▲ 长清大学城实验学校七年级2班刘若寒家长　张明春

浸润着文化的设计与建设

济南大学城实验高级中学校长　郑玉香

在学校发展中，学校校园设计与建设的理念对学校文化往往产生直接而深远的影响。

我们进驻在建的校园时，就感觉到了学校设计与建设的用心，努力做到了现代文化与传统文化的相容相生，同频共振。学校规划建设遵照了一流的现代化水准，凝结了中国传统书院的神韵，采用了院落式布局，各年级教学单元独立成“书院”，这为学校后期命名博学苑、至善苑等提供了条件。进入学校大门，走进达济广场，观赏着泮池中“成长”的智慧树，沿着中轴线步道行进，教学楼、实验楼、宿舍楼、餐厅、体育馆（含室内游泳馆）等错落有致地分布在两侧；学校中心建有大学堂，对应孔庙的中心建筑“辟雍”，取意“辟雍岩岩，规矩方圆”。其西侧设置了围合型广场，取意于书院的“杏坛”。大学堂作为中心建筑，发散式统领着整个校园建筑群，强调学校以核心素养为中心培养创新型人才。鉴于学校又处于大学城核心片区，我们就从《大学·礼记》《孟子》中汲取精粹，选定了“大学至善，达济天下”的学校精神。

设计与建设同在，文化与教育齐行。我们身为学校的使用者，一定千方百计地充分用好如此好的学校，引导学生“守正扬长，多元共赢”，把学校文化内化于心，外化于行，既脚踏实地，又仰望星空，海纳百川，志达人类命运共同体。

捧出一颗心　丰盈六颗心

济南市长清大学城实验学校校长　张绪儒

2017 年 8 月 29 日，是让我终生感怀的日子。这一天，我又回到阔别 11 年的家乡——长清。我是带着一颗教育红心回归长清的，教育对我来说是一种笃定的信仰，是我的第二生命。

1996 年，怀揣着对教育事业的无限憧憬，我踏上了富有挑战性的教书育人之路。“教育就是生活，教育就是信仰”成了我现实中的追求，追求中的现实。我先后在长清和历城任教并从事教育管理工作，从基层做起，从点滴起步，用汗水和心血浸润着自己的身心。20 余年如一日的积累，渐有所获，曾获全国数学优质课一等奖，荣获济南市优秀班主任、山东省优秀班主任、济南市五一劳动奖章、齐鲁名校长培养人选、济南市青年学术技术带头人等称号。

荣誉加身，更当奋蹄。2017 年 7 月，长清区首次面向全国引进优秀教育管理人才，经过选拔，我来到济南市长清大学城实验学校担任校长。执教一方，担纲一校，倍感压力；许身教育，回报桑梓，又豪气满怀。我要做有温度、有高度、有深度的教育，用匠心精神铸就学校发展核心力，以爱育爱，回报故土，立志建一所百年名校，立一座教育丰碑。

2018 年 9 月 3 日，长清大学城实验学校正式开学，小学、初中共 16 个班的近 700 名学生入校就读。这是一所新建学校，规划超前，设计大气，书院式格局文韵流动，整体的深红色调又具厚重而灵动的时代气息。新选

拔的56名教职工热情高涨，创新意识强，工作干劲十足。

百年名校的奠基之旅从这一刻便开始了，学校管理的定位要高、要准、要实，我确立了“完整人教育成就完整学生”的立校思想，形成了“自由、幸福、独立、完整”的学风，悉心培养着“内心充盈、人格健全、思想独立、精神高贵”的学生。

一开始我们就遵循着“以爱育爱、以德润心、以文化人、以研提效”的育人途径，开展全员、全科、全程的育人实践活动。“捧出一颗心，丰盈六颗心”，即用一颗纯粹师心，去丰盈学生的内心：课上让学生的心动起来；课间让学生的心乐起来；周末让学生的心实起来；读书让学生的心雅起来；实践让学生的心厚起来；陪伴让学生的心暖起来。

“成长是教育的终极追求”，课堂是教育教学的主阵地，以全新理念整体架构学校课程体系，让教育真正回归生活。小学一年级就开设英语口语课，初中学段营造双语学习环境。开设“大科学实验课程”，突出动手探究能力，培养了学生的好奇心和质疑精神。将《论语》作为特色课程，突出“中华优秀传统文化”的基因。让学生为学习所动，内心动起来，兴趣增起来，激发起学习的原动力。课间让学生心乐起来，除常规活动日和社团活动之外，每天设有50分钟的阅读课、45分钟的课余活动，每天还特别设置5分钟的发呆时间，让学生心灵自由放飞。作为寄宿制学校，学生的睡眠时间都保证在9小时以上。每个周末都不给学生留任何作业，学生们就是陪伴父母走亲访友、参加社会实践活动，让学生的心实起来。我们学校就是一座大图书馆，大厅、教学连廊都设有小书架，不落锁具，5万多本书自由借阅，学生的读书量在全市学校都是数一数二的，读书让学生们的心雅起来。“走进社区，走进大学，走进景区”的研学活动，学生们耕种“开心农场”的实践活动，让学生们的心厚起来。用餐时间，领导和老师们坚持为学生盛粥，不搞一阵风、花架子。一粥一饭，一举一动，让学生们的心暖起来。言传身教，如影随形，学生主动帮助盛粥分餐，形

成了“劳动是奖励，劳动者最美丽”的浓郁氛围，冥冥之中契合了2019年高考语文试题全国Ⅰ卷“民生在勤，勤则不匮”的作文主题。

这样的坚持，让我们的教育在一个学期里就大见成效，优异的学习成绩自是水到渠成的事情，学生们身心都得到了喜人的成长。学校的方方面面，得到了家长及社会的认可和赞誉。

我的目标就是以教育品质引领学校发展，把大学城实验学校建设成为一所育人一流、文化一流、品质一流的优秀学校，打造成济南市西部教育的新高地，并向着济南教育乃至山东教育的新高地和国际化学校的方向迈进。

捧着一颗心来，就是要报效家乡故土，实现自己的教育梦想。开学之初，我曾在办公楼前亲手栽下一棵青檀树，这是长清的原产树种，枝干遒劲，坚强而有韧性，树龄可长达千百年。我栽下的就是我建百年名校的初心。

为学校发展添一抹亮色

济南大学城实验高中政治组教师　刘　台

金色九月，在“济南速度”的鼎力支持下，济南大学城实验高级中学正式开始了逐梦之旅。而我有幸加入到逐梦的队伍中来，与它一起共筑美好未来。转眼初春来到，柳树也发了新芽。在充满生机的春天，回首过去的时光，更加激励自己不忘初心，砥砺前行。

作为一名新教师，初到学校，喜悦之情难以言表。喜悦之外，更多的是激动和兴奋，感慨学校的建成速度，感恩学校为老师考虑得如此细致、周到，让我们感受到家的温暖。感慨和感恩之后，更多的是充满了干劲儿，立定决心，为学校的发展出自己的一份力，添一抹亮色。

学校作为一所高起点、高标准、高水平、高品质的现代化高级中学，先进的设施设备让人眼前一亮，在满足师生生活所需的同时，更好地提高了课堂教学效率，实现了课堂的高度融合。借助先进的设施设备，可以让学生更好地感知知识，实现抽象知识的具体化，紧跟时代步伐，充分激发学生的好奇心、求知欲，调动学生参与课堂的积极性。

“和而不同，百花齐放；人尽其才，相得益彰”的育人氛围，让我感触颇深。学校从学生的全面长远和多元个性发展出发，实施精准育人。精准教育从暑假就开始了，开展了全员家访，深入了解每一名学生。学校又通过科学设计，变暑假的空白期为有为期，令这个假期丰富而有内涵，快乐而有意义。开学之后，在高一就实现了语、数、外三科分层走班，还开

设了多门校本课程和多个社团课程，满足学生个性化发展的需要，促进学生的全面发展。利用课余时间，老师们走进学生，“点对点”地实施针对性辅导，经常看到老师和学生在一起讨论问题，向学氛围浓厚。

“大学至善，达济天下”，大学堂、博学楼、卓然楼、美膳堂、大雅厅、悦动馆、钟灵楼、毓秀楼等建筑的名字，都有自己的意蕴，蕴含着传统文化及教育理念。春风化雨，润物无声。潜移默化之间，唤起和引领学生追求高雅的品格和高尚的道德品质。我相信，在这样的校园里，师生将积极学习，天天向上。

遇见美好

济南大学城实验高中语文组教师　赵晓雨

从考入大学城实验高中的第一天起，欣喜之余。我总觉着是一种缘分让我遇见这里一切的美好，美好的校园、美好的同事。

校园在过去的一年里如雨后春笋般拔地而起，惊人的速度引起了很多济南人的关注，他们对这颗新星充满了无限的期待。入校工作后学校的点点滴滴都刷新了我的认知，领导们雷厉风行、起早贪黑，老师们拼尽全力、不辞辛苦，孩子们勤奋努力、日益进步，人人都在高速路上奋力前行。有时我在想，究竟是什么力量或是什么信念支撑着师生高速运转的生活，我一天天地寻找。当我看到教师弯下腰来细致耐心地给学生讲题，学生用崇拜感谢的眼神望着老师时，我明白了，是价值感；当我的学生与我亲切交谈，倾诉心声，在走廊里、在路上听到学生对我喊“老师好”时，我明白了，是幸福感；当我看到学生的成绩单，欣喜于学生的优秀与进步时，我明白了，是成就感。学生的高速运转我也明白了，是获取知识和成功的喜悦，是在活动中展示自我的享受，是和老师、同学互动中的快乐。是的，速度并没有抹杀校园的美好，相反地，速度与美好和谐地共生着。

我很感激我能遇到这里的一切，在这里，我不畏惧自己“小白”的身份，因为有语文组和校领导的关心与帮助，尤其是语文组的各位老师像家人一样爱护我、帮助我，让我感受到了家人般的温暖。学校的“家文化”也让身在异乡的我并不孤单、并不落寞。在这里，我感受到了先进的教育

教学理念，分层走班让不同层次的学生接受不一样的内容，有利于所有学生的发展。“至善十度课堂”理念让课堂更加高效，更有利于知识的落实。学校的精神文化很好地融合了传统与现代，给师生前进的精神力量，潜移默化地影响着师生的一言一行。

美好的校园，美好的同事，期待更美好的自己。

这才是教育该有的样子

济南市长清大学城实验学校语文组教师　刘其美

半年多的时间眨眼即逝，回顾这段时间的经历，我最大的感受是幸福和快乐——孩子们带给我满满的幸福，学校带给我的是专业成长的快乐。

这里有一位充满教育情怀的校长。记得我们来报到的第一天，张校长对我们进行校本培训，传达了学校的办学理念：完整人教育成就完整学生。育人方向是：培养内心充盈、人格健全、思想独立、精神高贵的学生。自由、独立、幸福、完整，这些美好的字眼对从教近20年的我来说，就是教育的最高境界。每一次教师培训会上，张校长最常说的一句话就是“孩子们太好了”“孩子们太可爱了”“孩子们知识存储量超出你的想象”“孩子们将来一定是社会的栋梁之材”。每当说起我们的学生，张校长的脸上总是洋溢着自豪之情。更让我觉得不可思议的是，他能记住初二所有孩子的名字；他也和初一很大一部分孩子交流过思想。他是一位真真正正用心做教育的校长，他也是一位真真正正把孩子们捧在手心的校长，他奉行的是给孩子的就应是最好的。我们的教学环境是一流的，前一段时间，我们和槐荫区开展联合教研，市里的语文教研员看到我们孩子们在金色大厅自由地借阅书籍，看到那厚厚的满满的借阅记录，看到我们的孩子彬彬有礼的样子，我们美丽的院落式校园，她赞叹说这是她见过的最美的校园。槐荫区的老师在用了我们的多媒体后，连连称赞说这里在硬件建设上把他们落下了一大截。看看孩子们的学习环境，我们的课桌是有杯子托的，我们

的椅子是带把手带靠背的，我们的讲台四个角是弧形的，我们的窗帘是质地精良看上去非常舒服的米黄色，我们宿舍的被褥都是纯棉的，我们的枕头是决明子护颈枕，我们食堂的餐桌是四个男老师也抬不动的纯不锈钢的。

张校长对我们所有老师提的要求是忘掉自己的经验，一切从零开始，要求我们每一餐前，要给孩子们亲自盛上一碗粥。每天晚上每个楼层都至少有两位老师陪伴孩子就寝，特别是刚入校的那会，他亲自叮嘱每位值班老师熄灯后，要静静地贴到门上听听，有没有因想家偷偷哭泣的。每天上课前要检查孩子的扣子是否扣好，上课的时候孩子的坐姿是否端正，孩子出现了问题一定要用无痕的师爱细心呵护他们的心灵。他注意到的细节，连我一个做母亲的也没有注意到。自从开学以来，我们没看到他休过一个节假日。他的这种为了孩子，为了学校，为了长清教育无私奉献的精神，也深深打动了我们每一位老师。

这里有一群脚踏实地、兢兢业业的老师们。他们用爱心温暖我们的孩子。还记得 8 月底为了迎接初一的孩子，董丽丽老师办公室的灯 10 点之前没有熄过，宋盈老师、张洪岩老师的衣服后背都是湿漉漉的汗迹，巨冰老师楼上楼下为学生运送被褥，中午的时候，手机上就显示已走了 3 万多步。晚上 10 点多了，很多女老师还在给孩子们套被罩，铺床单。虽然很累，这些老师在工作的时候都是幸福的，从他们的脸上就可以看出来。正是在他们的引领下，我们也很快加入这个大家庭，班主任每周一早上 6 点多就会准时出现在校门口迎接我们的孩子到校，每周五要送走最后一个孩子才会离开。有些女老师丢下年幼的孩子，晚上在学校值班，陪伴我们的学生。刚入职的年轻教师，几乎天天和孩子们吃在一起、住在一起，孩子们都开心的称呼他们“凯哥”“圆圆姐”“聪聪姐”等。

老师们精心准备好每一节备课，教学相长，精益求精，在各自的专业上都快速成长。这半年我们忙碌着、收获着，这所学校带给我成长的快乐是前所未有的。

这里有一群阳光向上、充满青春活力、多才多艺的孩子。有一位教育家曾说“每一个孩子都是家庭的镜子”，而我通过这面镜子看到了我们家长的高素质、高智商、高情商。这些孩子们在课堂上常常带给我惊喜，同一篇文章，他们却能解读出新鲜的味道。在演艺厅，孩子们尽情地展现他们的才艺，弹钢琴、唱摇滚、表演茶艺。在“遇见——从此不同”读书交流会上，初一的孩子们用自己的视角审视经典、揣摩经典、表现经典，他们的表演让观众潸然泪下，初二的孩子交流他们读整本书的感受，他们谈杨绛、品林语堂、读林徽因，听着他们的读书见解，让人不得不佩服孩子们的读书深度和广度。这才是孩子应有的样子，这才是青春该有的样子，这才是教育该有的样子。

温暖一路前行，至善铭记在心

济南大学城实验高中 2018 级 4 班　李佳诺

我曾想什么是精神，而一方水土上的精神又将如何呈现？

我所见过所听过的精神最多的便是各种“校训”，各具风采，数不胜数。我看见那些孕育着美好、象征着希望的文字，却还从没有感受过每一个精雕细琢的字迹下所蕴含的精神。

直到我来到高中，来到大学城实验高中。

当我进入校园，最先体验到的是学校为我们精心安排的一切——最先进的教学设备，胜过别校的衣食住行，最可爱、最优秀的老师们。随着一个学期学习生活的结束，我心中先是庆幸，继而归结为感动和感激。称赞的话无需多言，只要亲身体验过，便能清晰地感受到校园内每一草每一木的用情与用心，感受到学校想给予我们的温暖。

“大学至善，达济天下”是学校所传播的一种精神。不是每一个人都有这样“善意做事，兼怀他人”的想法。从前的我也是，一开始我被她包含的气魄所触动，也可能是一岁年龄一岁心的缘故。不必说日常的行为规范，学校从未让我们只顾自己，而是在自身发展的同时，以一颗兼容并包的心去与他人一起成长。我记得姚庆副校长说过，我们要以“达则兼济天下”的精神与同学和老师携手并进，以刚柔并济的胸怀去做事做人。学校对于校园精神的发扬与传承，让我每每想起总会为之一振，激励自己如何去学做一个真正的“人”。

我从未如此深刻地体会过一种精神，她更像是一种文化洗礼，让我去洗涤沉淀自己。我愿以“至善”为脊梁，奉“达济”为魂灵，正知正行，正念正能，成为一个顶天立地的“人。”

我眼中的大学城实验高中

济南大学城实验高中 2018 级 6 班　李俊莹

济南大学城实验高级中学是济南市教育局直属的公办高中，是山东省实验中学教育集团的核心学校之一，是一所高起点、高标准、高水平、高品质的现代化高级中学。

一开始了解这所学校时，我心里是忐忑不安的，这所新学校怎么样？设施怎么样？老师怎么样，跟招生简章上说的一样吗？这些问题在我报到的那一天都得到了解答。还未走进校门，就看感觉到了这所学校的庄严肃穆。来到校门口，老师们面带和蔼亲切的笑容在门口迎接和引导我们。

步入校门，我没有急着去找班级，而是向学校的深处走去。校门入口处是文化广场，在学校的中心位置设有一座综合性大楼——“大学堂”。沿着中轴线步道行进，教学楼、实验楼、宿舍楼、餐厅、体育馆等错落有致地分布在两侧。每个年级的教学楼都在别致的“书院”里，并以“至善苑”“通达苑”等命名。

快走到我的班级时，我期待知道班主任是什么样子。班主任站在教师门口，高高的个子有点偏瘦，浓浓的眉毛，炯然有神的眼睛，面带着微笑。在接下来老师的讲话中，我更加感受到了老师的亲切与幽默，让我无比期待接下来的高中生活。

一学期过去了，高中生活没有让我失望，而是让我庆幸当初的选择。在日常学习生活中，每位老师都尽职尽责，十分有耐心。刚开始为了让同

学们适应高中生活，老师都会把进度放慢一些，一遍又一遍地问我们是否能听明白，尽量不让一个同学掉队。后来，学校还专门设置了老师进班辅导，方便同学们解答问题。

课余时间，学校也会开展多种多样的特色活动，丰富同学们的生活。运动会、体育节、研学、社团等，应有尽有。最重要的是学校还会定期开设讲座，将大学导师请进校门，与我们面对面交流。

总之，我很庆幸选择了大学城实验高中！

我亲爱的“大实”

长清大学城实验学校七年级 2 班　刘沛孜

2018 年开学季，我幸运地进入长清大学城实验学校。

“大实”，在这之前我们还未正式谋面，但在别人口中您是优秀的、阳光的。但我还是怀着怀疑的态度考量您，那年暑假我心里竟有了些迟疑和迷茫，毕竟还不知您的“真面目”。

8 月 31 日那天，我抱着激动和忐忑的心情走向校门口。与父母分别后，跟着初二的学姐进入校园。站在门口，可以清楚地看到您的样子，我对您的第一印象是雄伟壮观，您像雕塑矗立在那里。我似乎又看到了您自信、坚定的眼神，像一只欲冲破牢笼的雄鹰，将要展翅翱翔。再后来，我渐渐发现您的完美：独立的钢琴室，容纳千人的会议室，功能丰富的体育馆，温馨舒适的宿舍楼 ......

一个多学期的初中生活，让我又对您有了一个前所未有的体验。从中秋联欢晚会到元旦联欢晚会；从读书交流会到《论语》展示，每个同学都细心策划，刻苦排练。利用课余时间努力把节目做到最好，从未因为遇到一些困难而放弃。因为每个节目都凝聚着同学们的智慧和力量，所以台下的同学总会认真观看、热烈鼓掌。5 月是一年中最美的时节，学校会定期开展踏青活动，展示“大实”学子的风采。在“大实”里，老师像父母一样无微不至地照顾我们、耐心陪伴我们。在我们心中，“大实”并非是学校，而是一个大“家庭”。学生与老师之间的感情早已远远超越了师生之情，

像朋友，也更像父母与孩子。我会永远记得那明亮宽敞、设备齐全的教室，我们一起歌唱，一起学习，老师讲课生动有趣，我们听得如痴如醉。我们从一个小孩变成少年，从懵懂无知到才华横溢，都在您的滋润下健康成长。

我亲爱的“大实”，您是我永远的骄傲。

温度　深度　广度　高度　风度

济南大学城实验高中2018级9班董昕琦同学家长　齐荣芝

遥想当年我的高中，繁忙而苦涩，没有那么多活动，每天三点一线连轴转，甚至于文理分科也迷迷糊糊，缺乏有针对的指导。现在再对比看其他的高中，有的学生要么埋头苦学，对高考形势懵懂不知；要么点灯熬蜡，透支健康。很庆幸女儿上了这所学校，得以快乐、健康、理性地学习。

从暑假初高衔接开始，大学城实验高中的老师就开展了有针对性的家访，让家长倍感欣慰。假期导师走进学生家庭，了解学生性格特点、学习情况。在面对面充分了解学情的基础上，秉持学校"守正扬长，多元共赢"的育人理念，因人而异地提出有针对性的学法指导和生活建议，以满足学生个性化的发展要求。学校领导和导师的谆谆教导，让孩子增添了学习的动力，让我们家长看到学校满满的诚意。家长会上班主任细细地叮咛，王老师用心、用行、用爱、用合适的温度滋润我们身边茁壮成长的孩子们。全员家访，精准育人。为践行有温度的教育、致力于全方位服务学生，学校在寒假推出了又一服务于学生的课程——寒假答疑课程。此乃有温度的教育。

自筹建以来，大学城实验高中始终围绕市委、市政府、市教育局的中心任务和重点工作实施教育教学，贯彻落实"四高"定位，坚持"四精"原则，达成学生"四好"目标，追求家长"四心"境界，以"双高"联合育人为特色领航，打造大学至善教育品牌，学校暑假寒假的作业设计以及学生完

成的质量，无不体现着学校教育的深度，孩子们的假期生活因为有了这样的作业设计变得更加丰富多彩、更加厚重、更加有韵味。此乃有深度的教育。

学校开展了形式多样的研学。首届学子开启双高联合育人研学之旅、地铁研学之旅，亲身体验到了“济南新速度”，强力激发了同学们的科技创新意识，深深地感受到科技创新所带来的民族自信心和获得感。首届乐享体育节、首届科创节、“绘盛世华章，展时代新风”校园书画展、至善学子首届硬笔书法大赛，所有的这些，都开阔了学生的视野，拓展了他们的能力。老师新颖的教学方法，让他们没有被封闭在狭小的天地里。此乃有广度的教育。

学校不止一次地开设家长课堂，让我们提前接轨高考形势，站在高考的高度看待学习。学校还开设了丰富多彩的现代家庭教育素养提升课程，创造了家长与名师、专家零距离接触的机会，促进了家校教育的专业化成长。此乃有高度的教育。

济南大学城实验高中是一所大学校，作为省实验中学集团核心学校，彰显“大学 + 实验”的品牌特色，老师们立足教育前沿，致力追求卓越，个个风度翩翩。此乃有风度的教育。

学校创办的第一年，呈现给我们家长满满的诚意，浓浓的心意。衷心希望高一新生能够成为学校的荣耀，做守正之人、多元之才；成为国家的栋梁，做至善之人、济世之才。

致大学城实验高中

济南大学城实验高中 2018 级 4 班冷允喆同学家长　冷　涛

这里曾经是一片树林，167 余亩，绿油油的，鸟语花香；这里曾经是一片建筑工地，车来车往，机器轰鸣；现在这里是济南市最优秀的高中，内敛又充满朝气和活力，这里是济南大学城实验高中。是什么样的力量，让这里在 8 个月时间里由一片树林蜕变成一所高标准的、朝气蓬勃的学校？

因为工作关系，我有幸见证了大学城实验高中建设的全过程，自 2017 年 11 月开工建设到 2018 年 7 月交付使用，近 14 万平方米的建筑拔地而起。高标准的教学楼、大学堂、办公楼、宿舍楼、体育馆鳞次栉比，像列队等待检阅的士兵整齐有序。这样的建设速度超越了常人的想象，也超越了建筑从业者的思维模式，这其中工程建设者们付出了巨大的辛劳。午夜，当大多数人们都进入梦乡时，他们依旧在研究工作重点难点，制定工作计划；节假日，当人们陪伴父母、儿女共享天伦之乐时，他们依旧在工作一线挥汗如雨施工作业，他们放弃了周末、放弃了假日甚至放弃了春节夜以继日地工作，保证了工程顺利按时完成。

2018 年 6 月下旬，学校的领导、老师们克服重重困难，保证了校园开放日如期进行。开放日当天，我和允喆妈妈作为学生家长来校参观，学校高标准的硬件设施，校领导在教学和生活设施设备选择上的精心细致让家长感到非常贴心、放心。在校门口咨询处，老师们热情洋溢地向家长介绍着学校的情况，但热情中难掩疲惫。后来我才知道，学校领导和老师们为

了保障校园开放日如期进行，加班加点甚至通宵工作，处于严重睡眠不足的状态。康辉老师给家长们介绍了大学城实验高中的创建背景、师资力量、育人理念、教学思路，她充满职业荣誉感的演讲深深感染了我们；在和李庆峰老师的交流中，我们深深感受到一个资深教育工作者的经验与包容，感受到老师与家长的心灵共鸣。我们还了解到，李老师的女儿成绩非常优秀，也选择了大学城实验高中，他们的决定增加了我们对学校的信心。通过对学校的参观和与老师们的交流，我们坚信，大学城实验高中必然会成为一所出色的、一流的、充满人文关怀的学校。所以我们选择了大学城实验高中并被录取，允喆很荣幸成为大学城实验高中的首届学子。

第一次家校见面会，郑玉香校长就向全体家长详细介绍了大学城实验高中“大学加实验”的育人特色，让我们更充分了解了学校“大学至善，达济天下”的办学宗旨，让我们更坚定了选择大学城实验高中的正确性。开学一学期以来，我和允喆妈妈参加了绝大多数家校见面会，有幸聆听了郭祥福校长、张兴卫校长关于教学和学生教育方面的报告，见证了开学前老师家访、学生社会实践活动、军训汇演、运动会、大学导师见面会、体育节等活动。尤其是大学导师见面会，北大、清华、复旦、中科大等大学知名教授，甚至中科院院士都来到学校和学生面对面交流，使学生们开阔了眼界、提高了境界，树立起远大的理想和奋斗目标。通过这些活动，我们充分感受到学校关注学生心理健康，注重学生全面发展。

优秀的学校不是一日建成的，需要长时间的积累和沉淀。良好的校风需要全体领导、老师、学生和家长共同呵护。大学城实验高中是在高起点、高标准基础上起步的学校。祝愿学校在各方面共同努力下，真正实现“善学善思，善作善为”“温润如玉，气势如虹”“放眼未来，达济天下”！给自己、给社会交一份满意的答卷，共创美好明天。

唤醒内心的种子

长清大学城实验学校八年级2班徐继烨同学家长　邢万颖

大学城实验学校作为长清、作为济南西部教育民生的新亮点，备受瞩目。经过半年多来的实践和感受，我觉得选择让自己的孩子来到这所学校学习、生活、成长，非常正确。因为，它让我们的孩子有了崭新的转变，有了良好的学习习惯、生活习惯，更重要的是让孩子在成长的道路上增强了信心、积累了力量。孩子回家后与我的交流中，我能感受到孩子对学校的热爱，孩子在学校是快乐的，收获是满满的。

经过半年多的时间，在继烨身上，我感到了四个方面的巨大变化：

第一是学习上更加有了主动性。与小学比起来，现在孩子由"要我学"变为"我要学"，回到家能积极主动地学习和做作业了。虽然有时家长也会提醒，但是明显感觉到孩子有了积极进取的心态，有了不甘落后的觉悟。有时聊天，孩子不经意地说，"班里某某同学数学太厉害了、作文写得特好等等，我得超他"，这说明孩子有了进取意识，也折射了学校营造了比、学、赶、超的氛围和争先创优的环境。

第二是生活上更加自理。寄宿制学校一个的优点就是能锻炼学生的生活自理能力，这一点想必各位家长都能感受到。

第三是精气神大幅提振。学生重要的任务是学习，但我个人认为更重要的是培养浓厚的学习兴趣、良好的学习习惯和积极向上的心态。这半年，通过学校组织开展丰富多彩的各类活动，教给了孩子正确的学习观、健康

的价值观，孩子精力充沛，充满活力，长成了一个热爱学习、热爱生活的阳光少年。

第四是更懂得了感恩和分享。经过半年多的集体生活，孩子与小伙伴们成为情同手足的兄弟姐妹。比如，每次返校，孩子都要多带点好吃的，说要分给班里的同学们。国庆前夕，孩子的奶奶做了个手术，孩子回到家第一件事就是问奶奶的病情怎么样，给奶奶端水、揉腿，嘘寒问暖，让老人家感动得不得了，直夸孩子长大了。孩子的种种变化，离不开学校的教育和培养。

大学城实验学校是一所有温度的学校。学校班级群上发布的学校的动态、生活的掠影、开展的活动等等，让我们家长及时了解学校的情况、孩子的状况，既暖心又放心。在这里，孩子们也都感到校园生活的丰富多彩，感到校园的幸福和温暖，他们已经把这里当成了第二个家。

大学城实验学校的校长是有思路、有担当、有作为的校长。正如张校长提出的办学目标是“让成长成为全面育人的自然结果”，秉承的理念是“为人有温度，做事有高度”以及“学生理应成为幸福的传播者”“让每一个孩子的每一天都有尊严、有激情、有收获”，等等，积极开展新生态教育，展示了学校领头人的教育情怀和责任担当。

大学城实验学校的老师是爱岗敬业、无私奉献的老师。他们“舍小家为大家”，把我们的孩子当成自己的孩子，给予孩子父母般的爱。当我们看到他们温情里的陪伴、面对面的交流、寒夜里的坚守，我们的心除了感动，就是感谢。

大学城实验学校的学生是自信、自立、自强的少年。孩子们坚信我能行、不轻言放弃的锐气，奋发图强、努力拼搏的朝气，积极向上、完善自我的勇气，让我们看到了一群快乐学习、自由成长、幸福满满的阳光少年！孩子们的脸上洋溢着自豪感，因为他们是大学城实验学校的一员！

著名作家林清玄曾经说过：“好孩子不是得第一名，而是被唤醒了内心的种子！”让我们各位家长积极配合学校，让这一颗颗被唤醒了的发了芽的种子，在大学城实验学校的热土里，在老师们阳光雨露般的呵护下，生根、生长，自由呼吸，快乐学习，长成祖国的栋梁！

智慧让教育生活更美好

长清大学城实验学校七年级10班徐知临同学家长 林 静

去年，在孩子入学之前，我偶然拜读张绪儒校长撰写的专著《教育智慧的实践与探索》，其中有这样的语句："智慧让教育生活更美好……教育即生活，是一种信仰，教育的终极价值是使人成其为人，使人成为有能力的人，使人成为幸福的人。教师要拒绝庸俗、坚持操守、用思想呼唤学生的社会理想。完成这一平凡的使命，需要的不仅是热情、师爱，更要有凝聚着教育智慧的实践。"当时，这种教育理念引起了同为教师的我深深的共鸣。

初中阶段，正是孩子各方面成长的关键时期，作为学生家长，我们自然是非常关心孩子，不仅关心孩子的学习，而且还关心孩子的身体和精神成长。之前，我曾经有过很多担心，也有过很多焦虑，担心孩子的课业负担，焦虑孩子的心理状态……

但是，经过半年多时间，我看到孩子的精神状态，在学校"自由、幸福、独立、完整"的校风滋养下，非但没有因为课业加重而黯然萎缩，反而更加自信，更加昂扬；感受到他的人格更加完整，意志力更加坚强。看到他不仅在生理上长高了，英俊了，而且还在精神上更富有热情和光彩。作为家长，怎能不感到无比喜悦呢。

长清大学城实验学校秉承培养完整人的教育理念，让孩子全面而有个性的发展。这背后，是学校所有教职员工的辛勤付出。在大学城实验学校，

老师们义无反顾地接管了孩子的学习、生活、精神、心理等各方面的教育，付出了常人难以想象的巨大辛苦。他们与孩子在一个食堂同吃、在一栋宿舍同住、在一个教室教与学。他们还根据孩子们的年龄特点，定期组织丰富多彩的文体活动。老师们承载的不仅是传道受业解惑的教育，而且还是一份对生命的热爱和饱含着信仰与情怀的陶养式的教育。

孩子曾经跟我说过几件事，让我分外感动。

一是孩子们日常学科测试完毕后，在很短时间内老师就阅毕试卷，针对每一个孩子存在的问题，趁热打铁，查缺补漏，保证学习效果；二是吃饭时老师们怕孩子们烫着，主动给孩子们盛粥，盛完几百个孩子们的粥后，老师们再去吃饭，而此时，饭往往都已经凉了；三是学校对于孩子们的学习和生活规范同等重视，一律严格要求，保证孩子的全方位能力提升。

在学校公开的“美篇”中，我也看到，张校长曾和老师们就如何跟孩子说话用商量和鼓励的语气专门开会研讨；看到孩子们在一个个大型晚会和各种游学、研学活动中收获自信；看到学校展示孩子们的点滴进步和作品，给孩子以成长的激励；还看到孩子讲起班主任和各科老师如何幽默有智慧地与孩子们交流，听到孩子一周学唱一首美好的英文歌曲……

桃李不言，下自成蹊。在远离喧嚣市区的大学城，有这样一所学校，老师们以扎实的工匠精神，无私奉献，学生耳濡目染，自当奋发图强。南山有奇鸟，三年不鸣不飞，不鸣则已，一鸣惊人。

祝愿大学城实验学校越办越好，祝愿我们的孩子明天更加美好！

教孩子学会人生之道

长清大学城实验学校七年级9班李郝漪同学家长　郝丽娜

陶行知说：“先生不应该专教书，他的责任是教人做人；学生不应该专读书，他的责任是学习人生之道。”

第一次走进长清大学城实验学校，浸润在书香间，我的脑海里突然闪现出陶行知的这句名言。记忆闪到一年前初识大学城实验学校，金色的阳光洒满校园，同学们穿着整洁的校服和老师们一起用春天般的微笑迎接着每一位新同学，“这边是操场，那边是食堂，我来帮你提行李”，一句句话让心融化在温暖中。大学城实验学校的开学典礼上，市委副书记、市长孙述涛等市区主要领导到场揭牌，雷鸣般的掌声在场馆中回荡，那阵容、那士气，让我的心久久不能平静。庄严的国歌中，飘扬的红旗下，同学们目光炯炯有神，在未来的日子里，他们将在这里全力以赴，迎风翱翔。

长清大学城实验学校的校长张绪儒，是名师，更是名校长，他提出“完整人教育成就完整学生”的办学理念，正应了陶行知“教人做人，让学生学会人生之道”的名言。还记得新生军训期间的一天。我和朋友站在校区墙外观摩，老远就能听见恢弘嘹亮的口号，感受到场内整齐有序的步伐。远远望去，在盛夏的骄阳下，孩子们的身影灿烂明媚……短短数日的军训，让孩子们接受了一次意志的沐浴、精神的洗礼，让他们以全新的面貌投入到大学城实验学校阳光快乐的学习生活中。

2019年新年晚会，我初次来到大学城实验的礼堂，舒适的座椅和宽敞

明亮的舞台让我为之震撼，我静静地坐在后排，看着孩子们整齐有序地进入礼堂，没有嘈杂，没有喧闹，只有令人激情澎湃的氛围。当舞台的屏幕上映出老师们的身影，场下的孩子们沸腾了，那是一种发自内心的快乐，是一种来自灵魂的赞美。整场演出，郝漪的班主任柏涛老师居然一次也没有坐下，用目光关爱着每一个孩子，记录着孩子们在大学城实验的第一个新年。活动结束，夜色中的校园格外宁静，宿舍亮起一盏盏灯火。老师们没有回去，仍在守护孩子们甜美的梦乡。此刻的我，一股敬意油然而生，有这样的老师，有这样的团队，感恩在孩子最美的时光遇到。

还记得郝漪回家跟我说扣子掉了，我赶紧拿起针线准备帮她缝，她甜甜地对我说："周二晚上，夜间值班的李红燕老师已经帮我缝好了，老师缝得可好了，吃饭的时候老师还帮我们盛粥，这周我的数学又考了满分，妈妈您放心吧！"突然我觉得孩子变了，更加积极向上，更加懂得感恩，更加奋勇争先。

长清大学城实验学校带给孩子的不仅仅是学习成绩的提升，更重要的是良好学习生活习惯的养成。现在，孩子让我们很省心，她已经具备了自主学习的习惯和能力，明白哪些强项要继续发扬，哪些是短板要尽快赶上。我们深信，通过孩子在大学城实验学校的学习，一定会让自己各方面的能力得到提高，一定会让自己的综合素质达到最优，一定会为自己今后的人生之路打下坚实的基础。

附　录

采访手记

采访济南市教育局相关领导实录

2019年4月24日，《西城逐日》编撰小组一行三人，对济南市教育局副局长孟凡海、发展规划处处长林钟、发展规划处科长崔宏亮进行了采访，对济南市大学城实验学校的建设有了更深一层的了解。

采访济南市教育局副局长　孟凡海

问：济南市大学城实验学校仅用了8个月时间就高质量建成，您分管了建校工作，倾注了大量心血，对这项工程您是如何评价的？

答：对这所学校的建设我说四点：

第一，非常满意这项工程。按照市委市、政府的要求，一年的时间内，规划、招标、施工、验收、使用，按原有的模式根本不可能完成。所以我们敢为人先，先行先试，大胆启用EPC模式，用了8个月的时间建成了学校，保证了秋季正常开学。既保证了质量，又缩短了工期，完成得很好，所以我非常满意！

第二，这是近年来济南教育系统建设质量非常高的一所学校。学校建成后有些学校来校参观，都纷纷称赞，“规划设计超前，建筑质量出色，

使用材料先进”。

第三，参建各方同志们齐心协力、拼搏奉献、大干快上，这是集体智慧的结晶。济南城市建设集团、济南市教育局、长清区委区政府、长清区教体局、中建八局一公司、长兴集团、筹建办公室等部门不辞劳苦，相互配合，相互支持，才换来了大学城实验学校的拔地而起。

第四，该校的建成为如何服务好济南经济社会的发展开辟了一个很好的途径。我们放长放高眼光看，这不仅仅是建起了一座高质量学校的问题。它让大学城教师子女能上好学，解决了他们的后顾之忧；更是提高了西城特别是长清整体办学水平，提升了济南的形象。

总之，整个工程堪称完美：无违纪违法、无安全事故、无来信来访。

问：市教育局对这所学校的总体要求是什么？

答：第一当然是要建好。大学城教育也是济南教育的重要组成部分，市委、市政府以此为抓手，促进大学城全面发展，所以基础教育阶段学校必须有。第二要办好。目前，学校的办学措施先进到位，是长清最好的学校，也是济南市最好的学校之一。学校必定会带动长清的发展，成为大学城和济南教育新的增长点。

问：在以后的发展中，市教育局对于该校发展有什么期待？

答：在济南市的教育布局中，各区县都有自己的龙头学校，长清更有必要有一所龙头学校，以带动教育的整体发展。大学城实验高中要力争办成全市乃至全省一流的示范学校。新学校要有新举措，把学生高中三年的学习理想变为美好现实，从而取得家长的信任，实现山东省实验教育集团核心学校大发展的目标。

采访济南市教育局发展规划处处长　林　钟

问：发展规划处代表市教育局参与了大学城实验学校的建设，您始终参与其中，有什么切身感受？

答：谈起这项工程，有说不完的话，可以说是“风雨兼程，苦中有乐”。

第一，学校战略规划定位高。多年来，大学城基础教育配套不完善，大家对大学城的亲和力和认可度不高，在一定程度上影响了高校的发展，影响了济南西部新城社会发展的速度。大学城实验学校的建成，可以更好地为高校服务，因为高校是人才的聚集地，这个工程项目和人才发展关系密切。它是能保证高校人才引得来、留得住、做得好，扎下根来安心服务于济南发展的要素之一。

第二，建校时间紧、任务重、要求高。济南城市建设集团，市教育局，长清区委、区政府，区教体局等单位都高度重视。市里的部门也是大力支持，市规划局吕局长亲自审定规划，最后确定了清华大学建筑设计研究院设计的方案。市教育局成立筹建办公室，长清区委、区政府全面协调，济南城市建设集团调集精兵强将靠上抓。方方面面的全力配合、齐抓共管，形成了强大的凝聚力和战斗力。

第三，中标单位信誉好，建筑队伍素质高。中建八局麾下的一公司，发扬“使命必达”的铁军精神，施工中不畏严寒酷暑，攻坚克难，完美履约。因工程需要，增加了务工、建材等建筑成本，为了教育大业，八局一公司付出了很多。长兴集团职工过年过节不停歇，增加施工措施，保质保量地完成建设任务。他们精益求精，奉献教育，忍辱负重，使命必达，勇于担当，令人感动。

问：在工程建设中最令您难忘的是什么？

答：作为济南市的第一个 EPC 项目，代建时能做到手续同步及时，

这在济南市都是数一数二的。筹建办盯上靠上，提前规划、筹划、计划，所有手续，压茬进行。办理手续时建设立项、评审比较顺利，有关部门也认同这种模式方法——先期受理，后期补交。还要同期办理消防、渣土清运手续等。这都需要教育局、筹建办、城市建设集团、监理等多家单位在规定时间内完成，事实证明，大家齐心协力，配合得很好。

最难忘的是筹建办同志的工作状态是“日历日，全天候，全方位”，特别是姚庆同志每天从市里大东边乘车赶到筹建办公室工作，不辞辛劳，风雨无阻。

问：您感触最深的一句话？

答：艰辛与成功同在，挑战与收获并存。

采访济南市教育局发展规划处科长　崔宏亮

问：请说一件让您印象最深的事？

答：大学城实验学校工程体量大、工期短，手续特别繁杂，涉及十多个部门，上百项手续，有的还是限时完成。高中的手续一般在市里跑，小学初中一般在长清区跑。筹建办的同志们很辛苦，也很敬业，韩主任、李洪亮老师天天跑市里，李洪亮老师私家车当成了公车，自己加油、自己修理。韩主任总是带着一个鼓鼓囊囊的挎包，一问，里面居然装着一部“移动座机”，打电话方便，辐射小，省耳朵。电话太多了，手机一放在耳朵上就摘不下来，时间长了耳根疼，有时手机打没电了也误事。这些看上去都是些凡人小事，但这种精神真让人感动。

（采写 / 魏文森）

学校简介

济南大学城实验高级中学

济南大学城实验高级中学校徽释义

学校追求至善教育，善是学校校徽的中心字，善本义为吉祥美好，有安详亲和之意，引申为善良和善于。大学至善，臻善臻美。善谋善为，善学善思，善做善成；善于钻研，善于实践，善于发现，善于创新……

一、高端的学校定位：倾力打造核心学校

济南大学城实验高级中学，是济南市教育局直属的公办高中，是山东省实验中学教育集团核心学校，是中共济南市委、市政府为促进教育优质均衡发展而倾力打造的一所高起点、高标准、高水平、高品质的现代化高级中学，是市委、市政府打造省会城市教育首位度、服务驻济高校发展的一项重要工程，是与国内外著名高校联合育人举办大学先导特色课程的实验基地。建校以来，创业团队齐心协力，按照“四高”办学定位，确定“精准教育、精心育人、精细管理、精彩呈现”的“四精”工作原则，传承实验优秀传统，发挥高校高中联合办学优势，打造大学至善教育品牌，探索自然生态育人环境，双高联合育人的大学城实验的办学特色日益鲜明。2018 年 10 月，被山东省现代科技教育研究院、山东省科技教育专家指导委员会联合授予“山东省科技教育创新发展实践基地”称号。

二、鲜明的办学特色：大学 + 实验

学校位于长清大学城内，自然环境宜人，文化氛围浓厚。学校彰显“大学 + 实验”的品牌特色，以优质教育资源共建共享为基础，大力开展与名牌大学、知名中学联合育人的改革与实践，深化人才培养模式改革；将以特色课程建设为载体，以促进学生全面多元个性化发展为重点，拓展优化学生自主发展的空间，形成体系开放、机制灵活、有机衔接的人才培养机制，全面提升人才培养质量，努力打造一所特色鲜明、内涵醇厚、品质卓越、影响隽永、师生向往的品牌高中。

善聚“生、师、家、校、社”五位一体教育合力，实现同频共振。一是实施立体化家长课程。学校设计了“现代家庭教育素养提升”课程，举行全员参与的家长课程、空中课堂等，家长参与社会实践、周末延时进校陪餐等。二是实施全员德育工程，班主任、导师、任课教师齐心协力。组织班主任参加“家庭教育专业化培训”，提升班主任导师团队对家庭教育的指导能力。落实班级教师全员参加家长会，与家长“面对面”交流，班级教师全员加入班级家长 QQ 群、微信群，随时与家长深入交流，互通有无，实现教育合力最大化。三是充分调动社会社区资源助力学校德育，效果突出。

学校积极践行精准教育和全员育人的理念，着力为每一个孩子提供最适合的教育。学生暑期报到后即为每位学生安排了假期临时导师，开展暑期全员家访和暑期学习指导，印制下发了《济南大学城实验高级中学暑期课程指导手册》和初高中衔接网络课程，全方位指导学生的暑期生活，引导学生实现初、高中的平稳过渡。带领学生开展综合实践活动和研学活动，并克服各种困难，开展了全体导师访全体学生的暑期全员家访活动。全校 80 多位领导、教师根据任务分工走访了全校所有的学生，足迹遍布济南八区两县，前后 20 余天，通过家访深度了解学生的家庭情况、学习成长背景，拉近了与学生和家长距离，为实现精准教育奠定了基础。开学后，我们又

本着双向选择的原则，为每位学生配备了一名校内导师，定期开展集中与个别谈话，对学生开展人生规划、学业辅导、心理疏导等方面的工作，学生和家长反响很好。

课堂是教育质量提升的主阵地，学校高度重视课堂实效，学科教学中坚持立德树人，根据学科实际开展有效的德育渗透。学校在充分论证和实践探索的基础上提出了包含教育目标清晰度、教学设计精准度、教师主导适可度、学生主体的参与度、课堂气氛的活跃度、学生思维的广深度、生成性问题的把控度、核心知识的落实度、预定目标的达成度、受课对象的满意度在内的“十度课堂”标准。

百花齐放，积极探索提升学生综合素养的最生态之路。通过新生见面会、开学典礼、主题升旗仪式、教师节庆典仪式、高唱国歌、纪念日教育等，加强师生仪式感；学生自编自导的军训联欢、“彩墨书画迎校庆，青春共筑中国梦” 校园书画摄影作品展、首届秋季班级联赛、“绘盛世华章，展时代新风”改革开放 40 周年及新学校新风采校园书画作品展、首届至善戏剧节、“新跨越新起航”元旦大联欢等，实现了美育、体育、教育多元化、精品化的发展，30 余个学生社团精彩呈现，“至善”志愿服务队成立，“学宪法讲宪法”知识竞赛得以举行；以海外导师项目为依托，开展国际交流与合作，已经与美国、英国、加拿大、哥伦比亚等国家的学校建立合作关系，积极开展外教课程，加强海外交流，提升学生国际视野；12 月，获得由新浪网、新浪微博、山东教育学会联合颁发的“2018 年度山东省最具办学特色高级中学”称号，这是对学校“和而不同，百花齐放；人尽其才，相得益彰”的育人氛围的最大肯定，积极探索提升学生综合素养的最生态之路。我们一直在路上。

三、强劲的师资团队：强强联合　精益求精

在济南市教育局组织下，构建了一支强强联合的师资团队。“省实验中学骨干教师 + 市直属学校推选的优秀教师 + 全国范围内选拔的高层次教

育人才 + 精挑细选的中青年教师”是其优质架构。学校管理纳入省实验教育教学管理体系，统一教师培训，统一教学内容，统一教学进度，统一开展教育活动，共享教育教学资源。学校精干的管理团队和强劲的师资队伍，将齐心协力传承省实验中学的优秀文化，引领学生多元化发展。同时，多渠道大力引进的著名师范大学师训课程和名牌大学导师团队，为师生成长持续注入新鲜活力。

学校立足校情，大胆进行创新改革，改变传统科室设置，根据新学校、新时代、新教育的形势特点，对标国内外先进学校管理办法，突出项目管理和精准管理，统筹规划依项分设年级部、至善部、名师课程研发部、教学部、德育部、人力资源部、党务部、工团部、财务部、后勤部、行政文宣部等机构，明晰职责，提高工作效能。

年级部管理追求学校领导和老师“在与不在一样精彩”的和谐自然的教育生态境界，推行“四主”（主导、主体、主项、主动）项目化精准管理模式。至善部对全校工作进行全方位督促、检查、指导和评估；至善督导群，通过网络随时、随地全面反馈、督促各项工作的落实推进，定期以督导工作报告的形式，向学校全面反馈督导情况。学校改传统教研组为大教研部，成立语言与文学、科学、人文与社会等八个教学研究部，引导教师争做新时代研究型、专家型好教师。

四、醇厚的文化追求：大学至善　达济天下

“大学至善，达济天下”，是学校的文化追求。大学至善，源自《礼记》“大学之道，在明明德，在亲民，在止于至善”，以双关义的“大学”引领师生弘扬正大光明的品德，通达尽善尽美的境界；凸显长清大学城区域文化特色，滋养师生的睿雅臻善之气。达济天下，源自《孟子》“穷则独善其身，达则兼济天下”，表达学校的美好愿望，激励师生既要完善自我，修身律己，自强自立，又要志存高远，胸怀天下，继往圣绝学，开万世太平，争做济世之才。这校园八字精神，集大学文化和传统文化的深厚积淀于一

体，是师生共同遵守的基本道德准则与行为规范，意在激励师生既脚踏实地，又仰望星空，海纳百川，志达人类命运共同体。

五、一流的学校设施：书院神韵　时尚先进

学校规划建设，遵照了一流的现代化水准，凝结了中国传统书院的神韵，采用了院落式布局。各年级教学单元独成“书院”，各以“至善苑”“通达苑”等命名。进入学校大门，走进校园文化广场，沿着中轴线步道行进，教学楼、实验楼、宿舍楼、餐厅、体育馆（含室内游泳馆）等错落有致地分布在两侧；中段设置了围合型广场，取意于书院的“杏坛”；尽端设置大学堂，对应孔庙的中心建筑“辟雍”，取意“辟雍岩岩，规矩方圆”，与“杏坛”成对景。大学堂作为中心建筑，发散式统领着整个校园建筑群，强调学校以核心素养为中心培养创新型人才。

六、优越的地理位置：大学遍布　交通便利

学校占地 167 亩，总建筑面积 83589 平方米；地处济南市长清区大学城核心片区，周边有山东师范大学、山东中医药大学、山东工艺美术学院、山东艺术学院、齐鲁工业大学、山东交通学院、山东女子学院等 11 所高校，不仅育人环境优越，而且交通也便利，济南第一条地铁 R1 号线在学校东门设有站点。

七、双高联合育人课程：臻于至善　助力发展

双高联合育人课程是高中高校联合开展的学校特色课程，是山东省高考综合改革的配套改革，与著名高校联合开发建设课程，共建共享教育资源。它拓宽了学生专业知识的空间，提高了对专业知识的认知能力，在培养学生专业意识、专业兴趣和专业志向方面提供了大力支持；促进了学生综合素质发展，对学生个性发展进行因材施教式的培养。

构建学校课程图谱，凸显“双高”联合育人，打造学校特色。学校目前聘请了包括北京大学、清华大学、浙江大学、复旦大学、上海交通大学等国内高校导师60余名，指导我校双高联合育人课程实施。同时，立足中国，

胸怀世界，开设外交课堂，引进国外大学的导师，积极开展国际教育交流。山东师范大学、山东中医药大学、齐鲁工业大学、山东艺术学院等周边高校向我校开放图书馆、实验室等资源。中科院院士、清华大学、北京大学、复旦大学等高校16位导师先后到校进行授课。课程纳入学校的正常教学计划，计算课时，认定学分。

八、有温度的校园故事：时尚楼宇　古韵故事

（一）双校名：济南大学城实验高级中学、山东省实验中学教育集团核心学校。我校是中共济南市委、市政府为促进教育优质均衡发展，倾力打造的一所高起点、高标准、高水平、高品质的现代化高级中学，是与国内外著名高校联合育人及举办大学导师课程实验的基地。传实验之神，弘大学之道，高校高中“双高联合育人”是学校的办学特色。

（二）特色育人理念体系：

育人理念：守正扬长，多元共赢；
教育风格：宽严有度，刚柔相济；
师生气度：温润如玉，气势如虹；
育人氛围：和而不同，百花齐放；
人尽其才，相得益彰。
学校风气：正知正行，正念正能；
智者为伍，善者同行。

（三）智慧树雕塑：一进学校，最吸引眼球的就是一棵巨大的洁白无瑕的智慧树雕塑，它由书本构成，下有涌泉水池相伴。雕塑家李富军是清华大学博士、俄罗斯列宾学院教授，他提议整体景观向全校师生征名，征文一出，师生踊跃命名，都特别有创意，而且引经据典，特别应景。例如：二次函数、解未知数、泮桂、朝槿、白木松、墨润书香、怀玉采芹、既白、醴泉嘉木、泮林沐风等。

（四）大学堂：是我校中心建筑，统领着整个校园的教学区、实验区、

生活区、运动区等各建筑群。“大学堂”三个字，让人不禁想起京师大学堂，这三个字对于大学城实验高中也有着非同寻常的含义。一是学校地处大学城，大学堂言之有理。二是借用北京大学旧名，彰显学生理想与目标，正如郑校长所说楼宇命名不仅要考虑实用功能，而且还要考虑教育功能，更要蕴含传统文化及教育理念。大学堂之名深受教师、学生、家长喜爱。大学堂的建筑样式仿清华大学的大礼堂，是一座罗马式和希腊式的混合古典柱廊式建筑。京师学堂之名和清华礼堂样式，相得益彰。

大学堂里有图书馆、科技创客馆、艺术和心理专业教室、至善书吧、德育展室。一层有千人大礼堂，我们命名为“大雅厅”，“大雅”源自北京大学国学研究院大雅堂，亦有大雅君子之意，指德高而有大才的人。大学堂和大雅厅相互辉映，家委会成员书法家于凯先生有感挥豪，赠“大学之道”“大方之家”墨宝，悬裱于门厅。

（五）教学区：凝结了中国传统书院的神韵，采用了院落式布局，各年级教学单元独成“书院”，有三栋教学楼，两个独立“书院”。首创团队成员依据校园精神、学生求学阶段特点等命名，高一博学，高二至善，高三通达；两个独立“书院”分别命名为“博学苑”“至善苑”。教室走廊特别宽敞，辟有浅阅读区、练笔台、英语角。学校倡导“四主”项目精准管理，实行小班化走班制精准教学，实行全员双导师制，教室都是双班牌，有北大、清华、复旦等各大学导师班。

（六）实验区：纸上得来终觉浅，绝知此事要躬行。学校高度重视各类实验室体验馆的建设，均是高大上，广阔全。有“卓然楼”“格物楼”“致知楼”，两个独立“书院”分别为“格物苑”“致知苑”，名称源自《礼记·大学》“欲诚其意者，先致其知。致知在格物”。

（七）生活区：“钟灵楼”为男生公寓，“毓秀楼”为女生公寓，取义于“钟灵毓秀”，意为凝聚天地间的灵气，孕育优秀的人物。两个独立院落也据此分别命名为“钟灵轩”和“毓秀园”。“润泽楼”为教师公寓，语出《礼记·聘

义》“昔者君子比德与玉焉，温润而泽，仁也”。君子如玉，温润而泽，符合师生气度，寓意教师以其宽容仁爱的德行修为、深厚扎实的学识素养，春风化雨，润泽学生心灵。

宿舍楼影壁墙标语也凸显着学校精神和经典文化。男生宿舍为“居善地，言善信，宜兄宜弟”，女生宿舍为“居善地，心善渊，上善若水”，教师公寓为“富润屋，德润身，春风化雨，润泽心灵”。

（八）师生餐厅：“四高”学校，一定要落实到学校“四好”上，学习好、生活好、心情好、发展好，让家长“四心”，放心、安心、开心、舒心！要高标准保障学生们吃好住好。

学校餐厅命名曰“美膳堂”，“民以食为天，食以安为先”，“美膳堂”致力于为师生健康负责，从食材进货到食材加工，全程保质，全程保优，全程监督，力求奉献一流的美食，营造一流的就餐环境。

美膳堂文化标语为“知味思源，当食不叹”，“当食不叹”源自《礼记·曲礼上》，古人讲究“进食之礼”，在吃饭进食时所体现的礼节，是一个人修养的体现，“当食不叹”，吃饭时不要唉声叹气，“唯食忘忧”，不可哀叹，快乐为本，生动体现了“生活即教育”的教育理念。正如学生所说，“美膳堂，不简单，小小标语有内涵”。

（九）在美膳堂北部和南部设有学生大浴室和学生小超市，我们命名为“沐英池”和“生活馆”，说起这个，也有一波三折的有趣故事，差一点出了“华清池”和“小卖部”呢。

就在郑校长带着值班老师进行学生夜休三查的间隙，大家对此看法不一，若直接写学生浴室，不对应其他楼名。首创团队成员李庆峰开玩笑说，“华清池”之名也未尝不可，就是让首届学子感受皇家浴室气派。首创团队成员康辉笑谈，男生浴室为“清华池”，水木清华；女生浴室为“芳华池”，年华美好。众人哈哈争论不下，最终校长也笑得不行，说都很有道道啊，还是沐英濯华吧，依海龙之说就沐英池吧，那超市可别叫小卖部啊，

怎么也得叫生活坊吧？后来不知谁听错了，立马在超市那里贴了五个大字，“宿舍小卖部”，众人一看，皆笑得前仰后合，赶紧改成了“生活馆”。

（十）体育场馆：学生身体健康是学校格外关心的事，标准的运动场和体育馆将满足学生健身需要，每天锻炼一小时，健康生活一辈子。

学校体育馆名曰“悦动馆”。“悦动”指愉悦身心的运动和活动。寓意师生以“我运动，我健康”“我运动，我快乐”为宗旨，践行“每天锻炼一小时，健康生活一辈子”的理念。内有篮球馆、排球馆、游泳馆、击剑馆、高尔夫体验馆、健身房。

（十一）休闲区：俗语讲，有张有弛，文武之道。为缓解学习压力，在学校整体布局上还专门设计了休闲区域，在这里，学生会有新的体验。

“杏坛广场”，为纪念孔子办学设教而建造。“杏坛”是孔子讲学的地方。孔子收弟子三千，授六艺之学。用此典故激励师生弘大学之道，继往圣绝学。杏坛广场有小飞天雕塑一座，杏树环绕成林，“绕坛红杏垂垂发，依树白云冉冉飞”。

生活区有两个花园，分别是“桃李园”和“三乐园”。桃李园，有桃李满天下之意，表达了学校的真挚希望和深切期待。《史记》云“桃李不言，下自成蹊”，意思是老师为人真诚、正真、高尚，严于律己，自然会感动学生，自然会受到学生的尊重和敬仰。三乐园，源自《孟子》，君子有三乐：“父母俱存，兄弟无故，一乐也；仰不愧于天，俯不怍于人，二乐也；得天下英才而教育之，三乐也。”

2018 年 9 月 3 日上午，市委副书记、市长孙述涛来到大学城实验高中参加我校揭牌和新学年开学典礼，同师生共上开学第一课——北大导师班开课。郑校长介绍了学校的校园文化建设情况，讲述了楼宇道路命名的由来和内涵。孙市长行走至三乐园，有感于孟子三乐，赞不绝口，情不自禁地用方言对王品木局长说：“你们老师可真有文化啊！”语调轻松幽默，温暖人心。

（十二）学校道路：学校共有九条主干道，大学堂周边四条道路，按照楼宇和广场名称，再一次体现校园文化精神，命名为“达济路”“明德路”“大学路”“至善路”。其他五条道路，体现登攀不止、敢为人先的精神，蕴含“会当凌绝顶，一览众山小”的登攀追求，以五岳命名为“东岳路”“南岳路”“西岳路”“北岳路”“中岳路”。

济南市长清区大学城实验学校简介

济南市长清区大学城实验学校校徽释义

校徽内部核心图像为九瓣宝相花的再设计表现形态。宝相花是圆满、圣洁、端庄、美观的最理想花型，“九”的圆满在上，象征着一种普遍的哲学认识，它具备最高的精神层次，与大爱、心灵提升有很大关系，突出“做完整人教育”的办学目标，“完整人教育培养完整的学生”的办学理念，以及“内心充盈、人格健全、思想独立、精神高贵”的学校育人方向。标志运用暗红色与饱和度较低的鹅黄色，与校园建筑整体色调相统一，具有活泼而不失沉稳的校园气息。整个标志延展性强，具有亲和力、感染力。

一、办一所不一样的学校

济南市长清区大学城实验学校是长清区直属九年一贯制公办学校，位于长清大学城瓦特路216号。学校占地150.7亩，总建筑面积近6万平方米，投资超过3亿元，是市委市政府、区委区政府倾力打造的一所现代化学校。学校特邀请清华大学建筑设计研究院负责学校方案设计，主要建有教学楼、实验楼、艺术综合楼、体育馆、图书馆、文化广场、千人报告厅、学生宿舍、餐厅、地下停车场及设备用房等配套附属设施。学校规划建设凝结了中国传统书院的神韵，采用院落式布局。各年级教学单元形成自己独立的“书院”，分别赋予具有向学、正心等特殊含义的命名。建筑错落有致地分布在主轴线两侧，形成浓厚的学府气息。

学校于2017年10月31日奠基，2018年9月投入使用。学校包括小学与初中，设计规模分别为36个班。目前学校共有一年级、七年级、八年级三个年级16个教学班近700人，有教职工56人。校长张绪儒是区委区政府、区教体局面向全国引进的首批优秀管理人才。

学校立足“做完整人教育”，培养“内心充盈、人格健全、思想独立、精神高贵”的学生，把为学生的“全面而有个性的发展”服务作为教育的价值追求，助力学生的人生规划和高端发展。先进的办学理念、优异的教学成绩、卓越的精神风貌，使学校赢得了学生、家长、社会的广泛关注和热烈赞誉。

二、确立“做完整人教育”的办学目标

做完整人教育，包括群体完整和个体完整两个方面的教育。群体完整强调的是学生的社会性完整，而个体完整侧重学生的自我实现。群体完整教育遵循青少年身心成长的规律，从人与自然、社会、他人等维度，实现人的社会伦理价值，为社会培养完整人；个体完整是关注学生健全人格的培养，尊重个体差异，关注每一个学生的全面挖掘、发展需求，让每一个学生获得全面而有个性的成长，帮每一个学生不断认识自我、悦纳自我、教育自我、发展自我，从而达到人性的完整和人格的健全。

三、做把孩子放在心上的好教育

（一）创建“做完整人教育”的学校

长清大学城实验学校以“做完整人教育”为办学目标，以“完整人教育成就完整学生”为办学理念，以“自由、幸福、独立、完整”为校风，以“正心、向学、笃志、诚明”为校训，倾心追求卓越，匠造每一个教育细节。

自由，是自觉自律的最高境界。人有不为也，而后可以有为。

幸福，既是我们工作的起点，也是终点。唯有自由，抵达自由；唯有热爱，回馈热爱。

独立，包括生活的独立、人格的独立、思想的独立、灵魂的独立。一

所学校最重要的，是要倡导自由之精神、独立之思想。青年学生要有自己独立的思考，这是最宝贵的。思想独立、灵魂独立，是一个人本质的独立。

完整，包括全面，而又不失个性。

正心，《礼记·大学》有云：“欲修其身者，先正其心；欲正其心者，先诚其意。”学校以培养“内心充盈、人格健全、思想独立、精神高贵”的学生为育人方向，为实现这一目标，“正心”是起始阶段最重要的要求之一。

向学，孙中山先生说过：“努力向学，蔚为国用。”向学，立志求学，专意于学问，寄托了学校对学生的殷切期盼。

笃志，《论语·子张》云：“博学而笃志，切问而近思，仁在其中矣。”学校希望学生极广博地学习，同时又有坚定专一的志向，不断发展自我、充盈内心，从而达到人性的完整和人格的健全。

诚明，《中庸·第二十一章》云：“自诚明，谓之性；自明诚，谓之教。诚则明矣，明则诚矣。”由于诚恳而明白事理，这叫作天性；由于明白事理而做到诚恳，这是教育的结果，真诚就会明白事理，能够明白事理也就能够做到真诚。教育，就是顺应学生天性，做“增上缘”。

（二）培育“全面而有个性”的学生

学校从“成长与成绩”“简单与包容”“读书与实践”等方面，号召教师用最长远的路径引领，用最包容的态度呵护，用最广阔的平台奠基，做把孩子放在心上的好教育，培育“全面而有个性”的学生，让学校真正成为孩子积淀人生幸福的一方沃土。

学校首先提出以“六颗心”的温度呵护学生健康成长的“育心”工程，即时间维度：课上让学生的心动起来，课间让学生的心乐起来，周末让学生的心实起来；空间维度：读书让学生的心雅起来，实践让学生的心厚起来，陪伴让学生的心暖起来。

课上·心动

意识领域：主观意识的积极主动；形式领域：动态学习场的营造（师生、生生的互动）；形态领域：思维的动是主要衡量指标。

读书·心雅

学校不仅在图书馆配备近 5 万册书籍，而且还在教学区设置了开放性书架，各类图书范围广、格局大、理念新；孩子们手不释卷，所有书籍整齐排列，开架借阅，安静优雅的氛围，人类文明的滋养，浸润孩子心灵。读书涵养了孩子们正确的物欲观和独到深邃的思想。

陪伴·心暖

没有爱，就没有教育。老师们为学生盛好每餐免费的爱心粥，为孩子们亲手缝好校服的扣子，为孩子们掖好被角，轻声的提醒关怀……陪伴，在潜移默化中涵养了一颗颗感恩的心，一草一木都感情至深，打扫校园卫生，孩子们连树根旁的鹅卵石都要一块块擦拭干净。

实践·心厚

学校始终着眼学生全面而有个性的发展，为学生一生发展奠基。配备了钢琴、架子鼓等乐器，有专门的琴房、画室、创客实验室等。丰富的社团活动、研学课程，多种类型的图书，可供自由使用的钢琴，高雅艺术的浸润，使学生的天性得到最适合的生长。每天的双语演讲、每周的国旗下讲话、每个活动争当主持人，实践，让孩子们的心醇厚灵动。

课间·心乐

课间使学生的身心都得到充分放松与休息，消除疲惫、陶冶情操、促进良好的人际交往。每天 45 分钟课余活动时间，让每个孩子都能在操场上奔跑。音乐节、体育节、篮球赛……让成长成为个性的秀台。

周末·心实

建校至今，学校每天保证学生有 9 个小时以上的睡眠时间，周日从不布任何作业，鼓励孩子携一身轻松，陪伴家人，登高望远，郊野骑行，阅

读名著，发展特长，让周末自由、快乐、充实。

（三）打造“心灵丰盈、专业发展”的教师团队

教师是教育发展的第一生产力。长清大学城实验学校的教师工作定位是：为人有温度，做事有高度；这温度始于教育情怀，这高度源于职业格局！让成长成为学校全面育人的自然结果。

学校提出“三气”“三度”“三给”的指导意见，指导老师把小事做到每一个孩子的心坎上，用心与学生交流，用爱体贴每个学生细密的心思。

“三气”：尊重的语气，商量的语气，鼓励的语气；

“三度”：为人有温度，做事有高度，理解有深度；

“三给”：给学生诚信，给学生掌声，给学生信任。

在潜心育人中，教师的专业品质和从业境界不断提升，形成长清大学城实验学校的“三力三精神”和“山泉湖河城”的团队文化。

“三力”：蓬勃向上的学习力，坚定不移的执行力，活泼灵动的创造力；

“三精神”：开拓进取的拼搏精神，热情饱满的实干精神，公而忘私的奉献精神。

“山泉湖河城”的团队文化：

有“山”的风骨，不甘平庸、勇于登攀；

有“泉”的精神，永不停息、奋力创新；

有“湖”的开放，融通课堂、互联共享；

有“河”的奔畅，联通学教、串珠成链；

有“城”的内涵，以人为本、智慧为生。

（四）凝聚“多元共融的完整人文化”

学校侧重内隐文化和外显文化的打造，通过多元文化的融合，即传统与现代融合，文化自信与国际视野融合，立学与立身、立心融合，生活世界和学习世界整合，营建一个师生齐生共长、家校社共赢的和谐发展的学

校教育有机整体。

1. 内隐文化无痕育人

（1）卸掉一把锁，读好一本书

为践行读书让学生的心雅起来，学生每天都有50分钟经典阅读时间。新学期，将整层楼开辟为图书馆，在大厅、教学区都设有小书架。为学生精心购买了近5万本内容丰富的书籍，涉及文学、历史、哲学、艺术、军事、金融、法律等，各类图书范围广、格局大、理念新，积极向上。所有书籍整齐排列，开架借阅，至今不加一把锁，不设任何图书管理员，只有一个借阅登记本放在书架上，每到课间同学们挑选自己喜欢的图书，然后在本子上按要求自主登记，至今没有丢失和破损过一本书籍。小小图书馆成为信任的天堂，涵养了学生正确的物欲观，扮靓了教学区最温馨的一角。

（2）系好一枚扣，端好一碗粥

学校要求每一个孩子都要系好自己的每一枚扣子，养成端端正正做事、堂堂正正做人的好习惯。老师们亲手帮助学生缝好校服上的扣子；每餐前，值班的女老师都会像妈妈一样为孩子们盛粥，学生在老师的言传身教中习得了爱与责任。每个孩子在端走热粥时，都主动替老师摆上两三只空碗，这成了大学城实验学校每个同学的就餐习惯——一碗粥，一声轻声的谢谢；一只空碗，一次温情的感恩。后来，又产生了令人惊喜的进步——孩子们形成了正确的劳动观，更激发了学生的成长动力和主人翁意识，促进了和谐、亲密的师生关系。

（3）升好一面旗，做好一次演讲

长清大学城实验学校升旗仪式以课程形式呈现。从一年级到初二年级，从列队到升旗，学生们以优秀的姿态迎接每一次升旗仪式。《最好的我们成就最好的学校》《民族精神谱写世界情，少年自强共筑中国梦》《做一个幸福的读者》《温暖的力量，热爱班级体》《热爱学校，建设美好校园》等，学生通过演讲一个个校园故事、身边故事，表达与学校共同成长、共同进

步的美好愿望。越努力越幸福，越拼搏越强大，成为大实学子的坚定信念。

2. 外显文化端正感人

（1）门楣文化

学校以《论语》《大学》《中庸》等优秀中国传统文化中的精髓思想，命名每一个院落，如行政楼门楣上的“务本”，勉励管理者“君子务本，本立而道生”，牢记简素治学，顺应学生天性，遵循儿童身心成长的规律和学科教学的规律。此外还有正心、向学、诚明、笃志、明德、慎思、博闻、居敬等。校园文化与初中部“整本书《论语》经典读背”、小学部“《笠翁对韵》经典读背”活动一起营造了浓厚的传统文化教育氛围。

（2）楼宇、道路文化

学校每一座楼宇、每一条道路等，都浸润教育者的匠心。例如：

清源楼。从学校南门进入，第一座楼宇便是“清源楼”。朱熹《观书有感》云：“问渠哪得清如许，为有源头活水来。”清源活水，生气勃勃，寄语长清大学城实验学校，永远保持思想的活跃、视野的开阔与进步。

上德楼。学校行政楼的命名。出自老子《道德经》第四十一章“上德若谷”，形容具有崇高道德的人胸怀如同山谷一样深广，可以容纳一切。最高尚的道德犹如川谷，上仗大山之气象，下涌潺潺之流水，兼具刚与柔、重与轻之两脉。寓意管理者胸中有川谷，有山水，有天下，有情操与襟怀。与“上善湖”呼应。

敏行楼。是实验楼兼艺术楼，共五层。“君子讷于言而敏于行”，学校非常重视培养学生躬身实践的能力和格物致知的探究精神。一、二层设立了仪器精良的物理、化学、生物实验室，每周都会有实验课，使学生的观察能力、实践能力、探究能力不断提升。三层以上设有钢琴教室、舞蹈教室、美术教室、书法教室等，助推学生发展艺术才能，保护每一个孩子的艺术天赋。学校创客室，有 3D 打印系统，激光雕刻、无人机航模课程，让学生离人工智能更进一步。

上善湖、润玉亭、映月园。位于学校西北角。晚餐后，这里是师生放松身心的好去处。“梨花院落溶溶月，柳絮池塘淡淡风。”假山瀑布、小桥流水、廊下游鱼，无处不是美景。湖名上善，出自《道德经》“上善若水，善利万物而不争”，寄语大实学子能永远保持心灵平和、宁静致远。

学校围绕育心工程，将每一条道路都以“心”字命名，有爱心路、乐心路、知心路、童心路等。学校还在“浩然厅”经常举行各种社团活动，如举行“仰望星空，只要我们踮起脚尖”校园音乐会，“遇见，从此不同”经典阅读展示会等。

四、培养不一样的学生

（一）育心工程奠基础

“养树养根，育人育心”，学校密切关注学生的亲身感受和体验，提出“六颗心”的育心工程。全体教师每天 24 小时无缝隙陪伴，唤醒每一个孩子的心灵，点燃每一个孩子的信心。

（二）课程建设促发展

学校通过科学规划、合理布局，以基础型课程为基石，以研究型课程为桥梁，以发展型课程为纽带，整体架构学校课程体系。发展型课程中的入学衔接课程、挖潜扩容课程、人生规划课程等，日益满足学生个性化发展需求，形成适应每个学生的“精准教育”“私人订制”。

开展基于整合理念下的九年一贯制学校校本课程建设，围绕“完整人教育成就完整学生”的办学理念，着眼立德树人和发展学生核心素养，积极推动国家课程的校本化和三级课程一体化。有效推进小学部“多中心全课程教学”实践的探索，深化科际间的整合学习。

精心设计科技馆，推动“大科学实验课程”项目化实施。主要包括理化生实验探究课程、地理与环境课程、创客实验课程，有具体量化目标、有关键推进措施，力求将项目探究成果化。

研学课程丰富多彩。开展了“走进大学”课程之山东工艺美院研学活动、

“我们与春天有个约会——山东交通学院研学活动”、“湖光山色两相映，鲁韵齐风一脉承——园博园研学之旅”等等，孩子们在老师的带领下探索文化、亲近自然，开展体验式项目研究，沉浸在跨学科学习的快乐中。

（三）文化建设铸灵魂

长清大学城实验学校特别注重“大语言教育”，即语文与英语双语并生。以传统文化经典《论语》《笠翁对韵》读背、双语阅读、双语演讲、双语新闻、双语书法和国际办学合作等为主要途径，培养学生的家国情怀和国际视野。学校充分发挥九年一贯制的优势，一年级即开设英语口语课。2017 年，与美国斯阔谷学院在办学合作方面进行了友好协商。2018 年 10 月，区教体局与加拿大列治文教育局联合办学签约仪式在大学城实验学校举行。11 月 14 日，学校正式启动了“线下”外教课，学生以积极自信的姿态与外教交流探讨，增强了文化认同，开阔了国际视野，创新落实了区教体局“双师课堂”教学具体策略，线上线下互动、互补的方式给学生提供了多维的语音学习环境。

随着学校发展，与国际接轨的育人途径进一步拓宽。2019 年 2 月 7~18 日，学校组织澳洲冬季探索营研学活动圆满结束，国际视野进一步打开。学生住宿在当地居民家中，与澳洲师生的互动交流，零距离感受异域文化、教学活动，促进了英语口语表达的自信，更增强了家国文化自信。在丰富多彩的活动中，经历一种鲜活饱满的文化体验，一种全新的成长体验，必将会对学生的“全面而有个性的发展”产生深远而有意义的影响。

学校始终以“自由、幸福、独立、完整”的育人文化，聚焦学生全面而有个性的发展，启动一系列社团活动的专场演出秀。琴房、图书馆、3D 打印、创客实验室等随时向学生开放。每天都有 50 分钟的阅读课，每天 45 分钟课余活动时间，5 分钟的发呆时间；丰富的社团活动、多种类型的图书、可供自由使用的钢琴，使学生的天性得到最适合的生长。

2018 年以来，学校先后被评为第二届济南市中小学生“书香妙笔”征文活动优秀组织单位、长清区第二十五届青少年爱国主义读书征文活动优秀组织奖、长清区第二十六届青少年爱国主义教育读书活动优秀组织奖、2018 年度初中教学管理先进单位等，山东女子学院等多家高等院校在此设立实习实践基地。学校将以“做有温度有高度的教育”“教育，让长清更具魅力”的工作要求为指引，不忘初心，砥砺奋进，以高昂的精神面貌，继续发扬求真务实、精益求精、开拓创新的工作作风，为教育事业的腾飞和发展贡献力量。

媒体报道

王忠林到长清大学科技园调研时强调

把大学科技园打造成人才高地创新高地创业高地科技高地

本报5月13日讯 今天上午，市委副书记、市长王忠林到长清大学科技园调研时强调，驻济高校是济南的宝贵资源，各级各部门要切实克服“两张皮”现象，加大支持力度，为驻济高校发展营造良好环境，努力把大学科技园打造成人才高地、创新高地、创业高地、科技高地；要深化校地合作，充分利用好高校的人才、科研等优势，积极服务济南的经济社会发展。

市委常委、副市长张海波，副市长王桂英，市政府秘书长毛华铭参加活动。

2002年，为了加快山东高等教育事业发展，大力实施“科教兴鲁”战略，为全省长远发展提供人才和智力支持，省、市政府决定在长清区规划建设大学科技园。目前已有山东师范大学、山东中医药大学、齐鲁工业大学、山东女子学院等11所高校入驻，占地总面积达1.57万亩，加上原有的一所民办高校，师生总数达20万人。

王忠林一行先后来到山东女子学院、齐鲁工业大学、山东中医药大学，察看了学前教育专业实验中心、齐鲁工业大学国家重点实验室、大学生创业孵化基地。在随后召开的座谈会上，王忠林听取了长清区主要负责同志的情况汇报以及驻济高校代表、市直部门负责人的发言，并就大学科技园下一步发展讲了意见：一是重视程度要高。大学科技园入驻高校11所、师生20万人，已经形成了较大规模，可以说是人才聚集区、科技创新聚集区，同时也是一座新城。各级各部门要切实克服“两张皮”现象，摒弃“你

是你的，我是我的，互不搭界”思想，把高校当作济南的宝贵资源来对待，努力搞好服务。二是发展定位要准。定位准则方向明，如果定位不准就会盲人摸象，难以形成鲜明品牌和发展优势。要围绕打造人才高地、创新高地、创业高地、科技高地，整合技术、人才、资金、创新链条，深入研究大学科技园的发展方向。三是支持力度要大。要统一思想，坚持问题导向，高水平搞好规划，加大投入完善设施，进一步优化人才环境、创业环境、办校环境等，为大学科技园的发展创造良好条件。四是建设标准要高。按照生产美、生态美、生活美相结合和教育、创新、创业、产业“四位一体”的理念，高标准建设好大学科技园。五是体制机制要活。学习借鉴先进地区的经验做法，认真研究大学科技园管理体制机制、科研成果转化机制、校地共建共享机制、投融资体制机制，激发发展活力。六是工作合力要强。校地之间、市区之间、地企之间、部门之间，要围绕加快大学科技园建设发展形成强大合力。

——2017 年 5 月 14 日《济南日报》（记者 王彬）

“书院”味儿！大学城实验学校开工建设，明年 9 月投入使用

10 月 31 日上午，集完全小学、初级中学和高级中学于一体的济南市大学城实验学校在长清大学科技园开工建设。该学校计划 2018 年 6 月建成，9 月投入使用。项目建成后，将完全满足大学城各高校教职工子女入学需求。

大学城实验学校位于济菏高速以东、海棠路以西、瓦特路以北、紫薇路以南。学校建设用地面积约 317.7 亩，其中完全小学 36 班制，计划在校生规模 1620 人，占地约 57 亩；初级中学 36 班制，计划在校生规模 1800 人，占地约 93 亩；高级中学 60 班制，计划在校生规模 3000 人，占地 167 亩。

学校将主要建设教学楼、实验楼、艺术综合楼、体育馆及游泳馆、学

生宿舍、单身教职工宿舍、食堂、看台及室外厕所、地下停车场及设备用房等配套附属设施，同时建设室外体育运动区（包括田径场、篮球场和排球场等室外运动场地）、道路、广场以及室外绿化。

“两纵三横”是济南市大学城实验学校的整体布局。两条贯穿南北的主轴线，将学校分为 2 大功能区，其中东侧为高中校园，西侧为初中、小学校园。高中校园由位于轴线中心的综合楼、各年级教学楼、体育馆、食堂组成。小学教学区、初中教学区及中心综合楼构成学校西侧南北贯穿的轴线。

大学城实验学校将会提炼中国传统书院的神韵，采用院落式布局方式，各年级教学单元形成独立的“书院”，每个书院分别赋予具有劝学、悦习等特殊含义的命名。学校建成后，进入校门即是校园文化广场，广场景观设计了贯穿中轴线的中心步道，中段设置围合型广场铺装，取意书院的“杏坛”。中心步道尽端设置综合楼，对应孔庙的中心建筑——“辟雍”，与“杏坛”成为对景，取其“辟雍岩岩，规矩方圆”之意。

——2017 年 11 月 1 日《济南时报》（记者　王铮）

大学城实验学校建设春节“不打烊”

本报 2 月 19 日讯　今天是农历大年初四，当市民们还沉浸在与家人团聚的美好气氛中时，济南大学城实验学校建设工地上已是一片热火朝天的施工场面。根据项目建设计划安排，今年春节期间共有 100 多名外地工人放弃回家过年，继续施工，以确保学校能够顺利开学。

走进施工工地，记者看到吊车林立、车来车往，建筑工人正紧锣密鼓地作业，现场呈现出一派热火朝天的繁忙景象。

“过年与家人相聚是件幸福的事情。可是为了保证施工进度，我们选

择了春节正常施工。”施工项目部相关负责人告诉记者，截至目前，19 个单体建筑已有 15 个实现封顶。

据介绍，济南大学城实验学校位于长清大学科技园，是市委、市政府为解决大学城教职工和片区居民子女入学问题而建设的重要民生工程。该项目集小学、初中和高中于一体，占地约 317.7 亩，项目计划总投资 9.5 亿元。自 2017 年 5 月开始筹划，2017 年 10 月 31 日开工，计划今年 9 月正式开门纳生。

——2018 年 2 月 20 日《济南日报》（记者　史春勇）

济南大学城实验高中今秋开门纳生

本报 5 月 12 日讯　记者从市教育局获悉，设计规模为 60 个班的济南大学城实验高级中学将于今年 9 月 1 日正式开门纳生。

日前，济南大学城实验高中也成为省实验中学教育集团核心成员学校。省实验中学校长韩相河介绍，核心成员学校就是把学校的管理纳入省实验中学的教学管理中，统一教师培训，统一教学内容，统一教学进度，共享教育教学资源。济南中学党委书记兼济南大学城实验高中筹备组组长郑玉香表示，济南大学城实验高中将依托国内外著名高校的优质教育资源和省实验中学教育集团办学的优势，立足“大学 + 实验”的高起点、高平台、高品位优质高中建设，深化人才培养模式改革，以特色课程建设为载体，以促进学生全面长远和多元个性的发展为重点，努力打造一所特色鲜明、内涵醇厚、品质卓越的品牌高中。

——2018 年 5 月 13 日《济南日报》（记者　史春勇　实习生　仲少华）

济南大学城实验高中“虚位以待”

6月30日深夜，济南大学城实验高级中学筹备组教师王春强将学校校牌挂在大门上时，不禁潸然泪下。经过几个月的紧张筹备，7月1日，学校正式揭开神秘面纱，迎来数千家长检阅。“师资太强了，好几名省特级教师都来了”“学校太好了，桌椅和床铺都是实木家具”“每名学生有两位导师，其中一位还是大学教授”“小班化教学，每个班只有不到40名学生”……到学校探访后，家长们纷纷竖起大拇指。

一所新建学校，当真水平如此之高、条件如此之好？

面向全国引进名师　首批430名学生配备95名教师

在学校提前打造的“样板间”教室中，一款智慧黑板特别“高大上”，这种黑板与电子屏结合，不仅能够板书，而且还能进行多媒体互动交流。“考虑到学生健康问题，学校的桌椅和床铺选用了不含甲醛的实木家具，保证9月开学能使用。”学校主要负责人郑玉香告诉记者，考虑到有学生可能会对实木家具过敏，学校还准备了钢制床、桌椅以及特制大床供学生选择。

作为一所高起点、高标准、高水平、高品质的新建高中，师资队伍最受家长关注。据介绍，济南大学城实验高中的师资由“省实验中学骨干教师+市直属学校推选的优秀教师+全国范围内选拔的高层次教育人才+精挑细选的中青年教师”组成。除了省实验中学的骨干教师，市直属学校加入的教师中有中高级教师、省优秀教师、济南市先进工作者、济南名师等。

在高层次人才的选拔中，学校从来自全国的27名高层次人才中最终选拔了3名教育人才加入学校团队。

与此同时，济南大学城实验高中还面向全国进行了大规模招聘，共有来自全国各地的4471名优秀本科生、研究生及中高级人才踊跃报名，经过层层选拔，最终75位教师脱颖而出，成为该校首批教师团队的一员。

“这些教师虽然是新招聘的，但大都不是教育新人，其中有高级教师8人、中级教师9人，获得市级优秀教师、市学科带头人、市优秀班主任、市优质课一等奖及以上荣誉或奖励的15人。”郑玉香表示，新招聘教师中硕士研究生学历的有45人，多人毕业于中国科学院大学、中国科学技术大学、北京师范大学、华东师范大学等知名高校，“按照招生计划，今年济南大学城实验高中将招收430名学生，而学校已经配备了95名教师。”

“双导师”“小班化”特色育人　大学教授担任学生校外导师

中国科学院院士、中国传媒大学校长、北京大学和清华大学的博士生导师……这些在各个领域都颇有建树的学术大家，都成为济南大学城实验高中的兼职导师。“学校专门聘请了40名省内外知名高校的院士、博导为学校‘特聘导师’，学生入校后可与专家学者面对面、零距离交流。”郑玉香表示，学校还将开设名牌大学导师实验课程，以优质教育资源共建共享为基础，开展与名牌大学、知名中学联合育人的改革与实践，深化人才培养模式改革。

“作为省实验中学教育集团核心学校，学校不仅要发挥集团办学优势，而且还要因地制宜地打造学校‘大学+实验’的育人特色，学校将实行‘小班化’教学，每个班级容量不超过40人。”郑玉香介绍，学校办学将按照“小规模、精品化，小班额、精准化，个性化、多元化”的要求，积极开展选课走班，开设特级名师工作室，满足不同学生个性发展的需求。

学校还为每位学生配置一名校内导师，每位导师约带5位学生；为每位学生配置一名校外导师，主要是院士、博导、高校教授。这样就形成了

体系开放、机制灵活、有机衔接的人才培养机制，更有利于全面提升人才培养质量。

“学校管理将纳入省实验中学教育教学管理体系，统一教师培训，统一教学内容，统一教学进度，统一开展教育活动，共享教育教学资源。学校精干的管理团队和强劲的师资队伍，将齐心协力引领学生多元化发展。”郑玉香说，在开足、开齐国家课程的同时，学校还将以特色课程建设为载体，免费开设海外 AP 课程和托福等课程，拓展优化学生自主发展的空间，促进学生全面多元个性化发展，“喜欢国外特色课程的学生，在学校就可以学到这些课程，而不必再去找培训机构。”

——2018 年 7 月 12 日《济南日报》（记者　史春勇）

市领导与师生同上“开学第一课”

本报 9 月 3 日讯　今天是 2018~2019 学年度开学日，全市中小学举行了新学年开学典礼。上午，市委副书记、市长孙述涛来到济南大学城实验高中、长清大学城实验学校，参加新学年开学典礼暨揭牌活动，与广大师生同上“开学第一课”。

孙述涛首先来到济南大学城实验高中，察看学校总体布局，听取学校负责人的情况介绍。济南大学城实验高中是市委、市政府为促进教育优质均衡发展而倾力打造的一所高起点、高标准、高水平、高品质的现代化高级中学，也是与国内外著名高校联合育人举办大学先导特色课程的实验基地。学校 2017 年 10 月动工，经过不到一年的紧张施工，2018 年新学年投入使用，招生 501 人，全部实行寄宿制。在学校博学楼一楼，孙述涛察看了学校教室及北大、清华等导师班办学情况。在卓然楼一楼会议室，孙述涛与前来参加活动的导师代表、驻长清大学城部分高校负责人进行了简单

交流。

开学日当天的济南大学城实验高中气氛热烈、秩序井然。9 时 45 分，孙述涛来到学校体育馆二楼参加新学年开学典礼，与在校师生一同奏唱国歌，观看展示学校建设、师生暑假活动、学生军训的视频，并为学校揭牌。

随后，孙述涛来到长清大学城实验学校教学楼，察看学校教室及创新工作，观看学校教育专题片，听取学校负责人“完整人教育成就完整学生”办学理念情况介绍。长清大学城实验学校是区直属九年一贯制公办学校，是市委、市政府和长清区委、区政府为服务驻地高校人才、片区居民适龄子女入学，倾力打造的一所九年一贯制公办学校，小学与初中功能区相对独立。该学校是以“完整人教育成就完整学生”为办学理念，以努力创建“做完整人教育”的学校，培育“全面而有个性”的学生，打造“心灵丰盈专业发展”的教师团队，“凝聚‘多元共融的完整人’文化”为主线，倾力打造的一所现代化学校。

副市长王桂英参加活动，并为长清大学城实验学校揭牌。

——2018 年 9 月 3 日《济南日报》（记者 王彬）

长清大学城实验学校让学生完整成长

2017 年 10 月 31 日，济南市长清大学城实验学校（小学、初中）破土动工，短短 8 个月的时间，学校便交付使用，学校的建成彻底缓解了大学城入学难的问题，满足了区域内对优质教育的需求。如今，学校在“完整人教育成就完整学生”的办学理念指引下，已成为区域内教育教学管理的领跑者。

做完整人教育　让学生全面而个性成长

在学校校长张绪儒看来，人是教育的出发点和最终归宿，为此，学校提出“做完整人教育”的办学目标，以“完整人教育成就完整学生”为办学理念，以培养“内心充盈、人格健全、思想独立、精神高贵”的学生为育人方向。

“做完整人教育，包括群体完整和个体完整两个方面的教育。”张绪儒告诉记者，群体完整教育遵循青少年身心成长的规律，实现人的社会伦理价值，为社会培养完整人；个体完整是关注学生健全人格的培养，尊重个体差异，关注每一个学生的全面挖掘，让每一个学生获得全面而有个性的成长，从而达到人性的完整和人格的健全。

周日不留作业　学生可尽情陪伴父母

在学校里，“自由、幸福、独立、完整”的校风吹遍每个角落。每个周日，学校都不会给学生留任何作业，让学生有时间陪伴父母一起走亲访友，参加社会活动。“我们不留任何的隐性作业，是真正意义上的零作业。”张绪儒摆着手说，他们是寄宿制学校，但每次都会让学生周一返校，而不是一般寄宿制学校所要求的周日返校，这样学生就能充分享受周日的时光。

学校的发展离不开对学生的培养，更离不开教师的辛勤付出。在张绪儒看来，教师这个职业，有两大特性，回忆感和幸福感：“当学生们都步入社会，长大成材时，教师们便已桃李满天下，充满对学生的回忆。而教师的幸福感，则包括学科教学的幸福感、教师职业的成就感、学校发展的归属感和国家发展的获得感。”

实施三大策略　努力实现办学目标

为实现“做完整人教育”的办学目标，学校实施育心工程、课程建设、文化建设三大策略。课上让学生的心动起来，课间让学生的心乐起来，周末让学生的心实起来、读书让学生的心雅起来，实践让学生的心厚起来，陪伴让学生的心暖起来。在育心工程中，学校以“六颗心”的温度呵护学生成长。

学校着眼立德树人和发展学生核心素养，以基础型课程为基石，以研究型课程为桥梁，以发展型课程为纽带，整体架构学校课程体系，努力实现国家课程的校本化和三级课程一体化。在此基础上，学校突出“大语言教育”，也就是语文与英语双语并生，培养学生的家国情怀和国际视野。

“我们要利用区位优势，与区域内大学共同聚智提升，助推共赢，成为济南教育的新高地，乃至山东教育的新高地，成为一所国际化学校。”说起未来发展，张绪儒信心满满。

——2019 年 1 月 21 日《济南时报》（记者　王铮）

王忠林回信勉励济南大学城实验高中学子

在奋斗中释放青春激情　创造无愧于时代的人生

本报 5 月 3 日讯　五四青年节到来之际，省委常委、市委书记王忠林给济南大学城实验高中学生回信，祝同学们节日快乐，并勉励同学们在奋斗中释放青春激情、追逐青春理想，用奋斗的青春报效社会和人民，创造无愧于时代的人生。

王忠林在回信中说，收到来信，我感到非常高兴，得知孩子们在崭新的校园里勤奋学习、快乐成长，我感到由衷欣慰。我真切感受到，孩子们对新校园有着“家”一般的热爱，对科学文化知识有着无限的渴求，对长大后立志为济南发展做出自己的贡献充满无比的期盼。

王忠林在信中说，你们正处于一个充满希望的新时代，正处于人生中最为珍贵的青春年华。新时代是奋斗者的时代，青春是用来奋斗的，奋斗的青春最美丽。我们要牢记习近平总书记对新时代中国青年的殷殷嘱托，特别是总书记在纪念五四运动 100 周年大会上对青年提出的六点要求，不负青春韶华，不辱使命担当，切实树立崇高的理想信念，切实练就过硬本领，切实绽放青春风采，切实锤炼品德修为，做崇德修身、引领风尚的新时代青年。

王忠林在信中说，把省会济南建设成为“大强美富通”现代化国际大都市，需要你们的支持和奋斗；把家乡泉城建设得更加美丽富饶，是你们应有的责任和担当。市委、市政府将继续努力，让越来越多的孩子能够在美丽温馨的校园里学习成长、早日成才。

济南大学城实验高中是市教育局直属公办高中、山东省实验中学教育集团核心学校，是市委、市政府为提升省会城市教育首位度、促进教育优质均衡发展而倾力打造的一所高起点、高标准、高水平、高品质的现代化高级中学，是与国内外著名高校联合育人、举办大学导师特色课程的实验基地。

2018 年 9 月，495 名学生成为“幸运儿”，作为学校的第一届学生，开启了济南大学城实验高中的新征程。学校以“大学至善，达济天下”为校园精神，以“守正扬长，多元共赢”为发展理念。与此同时，学生在学校接受的是“双高”联合育人的特色课程教育，截至目前，已经有中国科学院胡海岩院士等 10 多位“大咖”在此开设了导师实验课程。学校提倡做“有选择”的教育，每一名学生都有成长的“自主权”。目前，学校学生代表

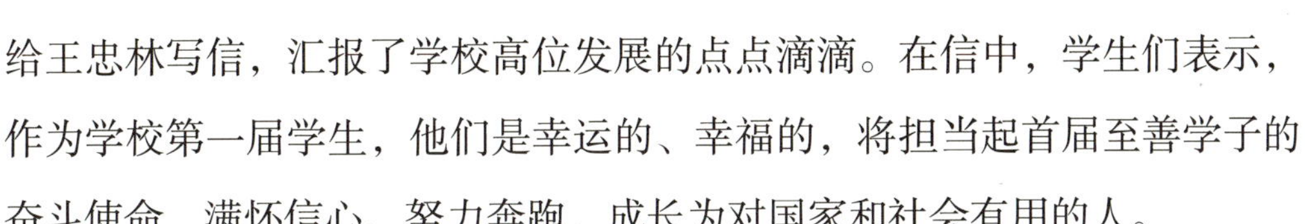

给王忠林写信，汇报了学校高位发展的点点滴滴。在信中，学生们表示，作为学校第一届学生，他们是幸运的、幸福的，将担当起首届至善学子的奋斗使命，满怀信心、努力奔跑，成长为对国家和社会有用的人。

——2019 年 5 月 5 日《济南日报》（记者 史春勇）

讲话致辞

在济南市大学城实验学校开工仪式上的致辞

济南城市建设集团董事长　李国祥

尊敬的各位领导，各位嘉宾，朋友们：

大家上午好！继10月28日华谊兄弟济南电影城开工后，今天，我们迎来了大学城发展的又一盛事——大学城实验学校建设正式拉开帷幕。在此，我谨代表济南城市建设集团，对莅临现场的各位领导、各界嘉宾和朋友们，表示热烈的欢迎和衷心的感谢！

教育是民生之基，大学城实验学校自筹建以来，市领导高度关注，驻济高校热切期待，全市人民翘首以盼。在市教育局、长清区、市直相关部门及济南城市建设集团的共同努力下，大学城实验学校如期动工。它的建设，对于完善片区教育配套、激发大学城发展活力、推动全市教育事业发展，将起到积极的促进作用。

按照计划，大学城实验学校将于明年9月正式开学招生。济南城市建设集团将以对教育事业、对全社会高度负责的态度，精心组织实施，强化协作配合，加快项目进度，保质保量地按期完成工程建设任务，努力将大学城实验学校建设成为高标准、超一流的样板工程！

最后，预祝开工仪式圆满成功！祝各位领导、嘉宾、朋友们事业顺利，万事如意！

谢谢大家！

济南大学城实验高级中学、济南市长清大学城实验学校开学典礼暨揭牌活动主持词

尊敬的各位领导，各位导师嘉宾，老师们，亲爱的同学们：

大家好！

新时代、新学校、新天地，新梦想！今天，我们济南大学城实验高级中学、长清大学城实验学校全体师生齐聚一堂，少长咸集，群贤毕至，隆重举行新学校的首次开学典礼暨揭牌活动。首先请允许我介绍今天出席活动的各位领导、大学导师代表和家长代表：

参加活动的市政府领导有：中共济南市委副书记、市长孙述涛，副市长王桂英，市政府副秘书长、办公厅主任倪志纯，市政府副秘书长韩振国，市教育局局长、党委书记王品木，济南城市建设集团董事长、党委书记李国祥，中共长清区委副书记、区长赵居安。

感谢市委、市府大力推进优质教育均衡发展，为大学城倾力打造高起点、高标准、高水平、高品质的现代化学校，可谓功在当代，利在千秋！感谢市委、市政府关注民生，大力发展教育事业！

参加活动的驻大学城的高校领导有：山东师范大学副校长王洪禹、山东中医药大学校长武继彪、齐鲁工业大学工会主席冯喜平、山东艺术学院院长王力克、山东工艺美术学院院长潘鲁生、山东交通学院院长陈松岩、山东女子学院院长盛国军、山东管理学院副院长杨茂奎、山东劳动职业技术学院副院长刘爱林、山东省社会主义学院副院长尹晓民、济南幼儿师范高等专科学校党委书记黄祖杰、山东圣翰财贸职业学院校长助理袁延清。

感谢各高校对基础教育的厚爱和支持！

参加活动的大学导师代表有：北京大学化学与分子工程学院党委书记

马玉国教授，清华大学全球学校与学生发展评价研究中心副主任王刚博士，复旦大学化学系雷杰副教授，中国科学技术大学近代力学系司廷教授，山东大学数学学院、泰山学堂主讲张天德教授，山东师范大学外国语学院、翻译硕士中心主任徐彬副教授，山东中医药大学药学院生药系李峰主任，齐鲁工业大学吉兴香教授，还有外教代表Raymond（雷蒙德）和Karl（卡尔）。

我们大学城实验是为大学而建，必将因毗邻大学而熠熠生辉，特色鲜明！欢迎导师们！

参加活动的还有我们首届家委会的家长代表们，家校合力永远是我们孩子健康成长的基石，欢迎你们！

现在，我宣布济南大学城实验高级中学、长清大学城实验学校开学典礼暨揭牌活动正式开始：

第一项，升国旗，唱国歌

今天是9月3号，不仅是中小学开学的日子，而且还是抗日战争胜利73周年纪念日，我们要铭记历史，向伟大的祖国致敬！请全体起立，面向国旗高唱国歌！

请坐下。

第二项：视频回顾学校建设和师生筹备开学历程

花开不忘育花人！2017年10月31日，济南大学城实验学校正式开工建设。在学校选址和建设过程中，市委、市政府高度重视，精心筹划，多措并举，严格把控工程质量与进度，将一般2年的工期提速至8个月完成，创造了建筑史上的济南速度！

下面让我们通过短片一起回顾学校拔地而起、快速建设、师生积极准备开学的精彩瞬间！

请看大屏幕。

第三项：揭牌活动

下面，有请中共济南市委副书记、市长孙述涛和大学城实验高中负责人郑玉香为济南大学城实验高级中学揭牌。（由康辉场外主持）

下面，有请副市长王桂英和长清大学城实验学校负责人张绪儒为济南市长清大学城实验学校揭牌。（由康辉场外主持）

第四项：师生献词

感谢市长对学校的关爱支持！学校的高起点建设、高标准配置，我们全体师生心怀感激，对新学校、新学年都充满了希望和梦想。

下面掌声有请师生献词，教师代表康辉、张建波；学生代表邢一轩、宋培玉。

……

言为心声，事随心愿，感谢老师们和同学们的真挚心意。未来可期！

国无德不兴，师无德不立。加强师德建设，践行有温度、高品质的济南教育是我们坚定的目标。下面进行教师宣誓，重温誓词。

第五项：教师宣誓，重温誓词

请全体教师起立，高举右拳，面向国旗。

领誓教师——

> 我们宣誓：我志愿成为一名人民教师，忠诚党的教育事业，遵守教育法律法规，履行教书育人职责，引领学生健康成长，做到有理想信念、有道德情操、有扎实学识、有仁爱之心，为教育发展、国家繁荣和民族振兴努力奋斗！

宣誓人：济南大学城实验学校全体教师。

请坐下……谢谢各位老师！

老师们，同学们，新的学校开启新的希望，新的征程承载新的梦想！让我们一起携手启航，与智者为伍，与善者同行，奔向理想的远方，共筑济南教育的辉煌！

开学典礼暨揭牌活动到此结束！谢谢各位领导，谢谢各位老师，谢谢各位同学！

2018 年 9 月 3 日

济南市长清区发展和改革委员会文件

济长发改投资[2017]18号

济南市长清区发展和改革委员会关于济南市大学城实验学校（小学初中）建设项目可行性研究报告的批复

济南市长清区教育体育局:

你单位“关于济南市大学城实验学校（小学初中）建设项目立项的请示”及项目可行性研究报告收悉。现根据有关部门意见，经研究，现批复如下:

为解决长清区大学城居民子女入学问题，满足大学城居民子女入学需求，同意你单位实施济南市大学城实验学校（小学初中）建设项目。

一、山东省投资项目在线审批监管平台赋码:

2017-370113-82-01-045681

二、项目选址。该项目位于济荷高速以东、拟建济南市大学城实验学校（高中）以西、瓦特路以北、紫薇路以南。

三、建设规模和主要建设内容。该项目建设用地面积

99738.32平方米（约合149.6亩），总建筑面积56389平方米。其中：地上面积52049平方米，主要建设建设36个班的小学，36个班的初中，包括体育馆、行政楼、小学教学实验楼、综合楼、初中教学楼、初中实验楼、初中男/女生宿舍、初中教工宿舍、看台等配套附属设施；地下建筑面积4340平方米，主要建设停车场及设备用房。同时建设室外体育运动区（包括田径场地、篮球场和排球场等室外运动场地）、道路、广场以及室外绿化等。

四、投资估算及资金筹措。该项目总投资30577万元，所需建设资金全部由代建单位自筹。

五、在项目设计阶段，要进一步优化建设方案，细化工程投资，严格按国家合理用能标准和节能设计规范，做到合理利用能源，严格控制建设规模和建设标准，在工程设计、施工和设备材料采购等各环节严格实行招投标制度。加强资金管理，努力节约投资，确保工程质量。

六、请据此办理有关手续，组织开展相关工作。委托有相应资质的设计单位按程序编制工程初步设计及概算，并报我委审批。

请据此办理有关手续，组织项目实施建设。

附件：1. 济南市大学城实验学校（小学初中）建设项目招标方案核准意见

2. 节能意见（济长发改能审[2017]9号）

济南市长清区发展和改革委员会

2017年9月26日

中华人民共和国住房和城乡建设部监制
山东省住房和城乡建设厅印制

中华人民共和国

建设用地
规划许可证

中华人民共和国

建设用地规划许可证

地字第370113201700232号

根据《中华人民共和国城乡规划法》第三十七、第三十八条规定，经审核，本用地项目符合城乡规划要求，颁发此证。

发证机关 济南市规划局

日　期 2017年10月20日

YD 01312980

用地单位	济南市教育局
用地项目名称	济南市大学城实验学校（高中）（一期）
用地位置	长清区大学科技园济菏高速以东，瓦特路以北，紫薇路以南
用地性质	中小学用地
用地面积	项目规划建设用地面积10.6公顷
建设规模	
附图及附件名称 1、建设用地规划通知书（1份）； 2、1:1000建设用地规划许可附图（1份）。	

遵守事项

一、本证是经城乡规划主管部门依法审核，建设用地符合城乡规划要求的法律凭证。
二、未取得本证，而取得建设用地批准文件、占用土地的，均属违法行为。
三、未经发证机关审核同意，本证的各项规定不得随意变更。
四、本证所需附图与附件由发证机关依法确定，与本证具有同等法律效力。

中华人民共和国
不动产权证书

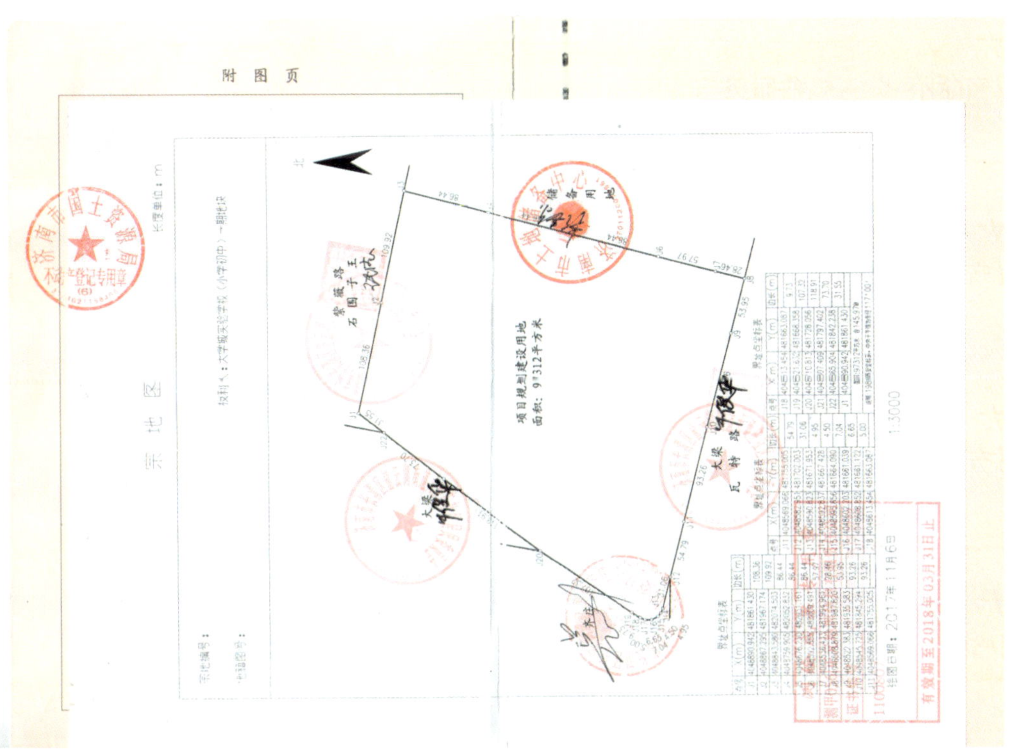
附图页

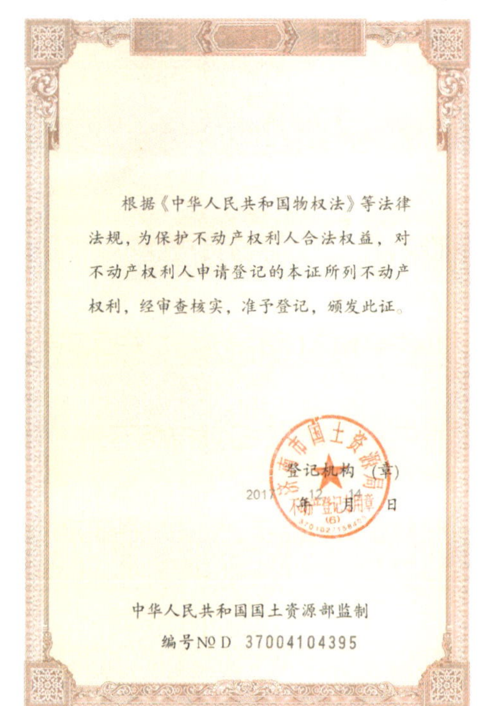

根据《中华人民共和国物权法》等法律法规，为保护不动产权利人合法权益，对不动产权利人申请登记的本证所列不动产权利，经审查核实，准予登记，颁发此证。

登记机构（章）

2017 年 12 月 14 日

中华人民共和国国土资源部监制

编号№D 37004104395

鲁（2017）济南市不动产权第0255281号

权利人	济南市长清区教育体育局
共有情况	单独所有
坐落	长清大学科技园济菏高速以东、瓦特路以北、紫薇路以南
不动产单元号	370113002004GB01005W00000000
权利类型	国有建设用地使用权
权利性质	划拨
用途	教育用地
面积	97312.0㎡
使用期限	
权利其他状况	

附记

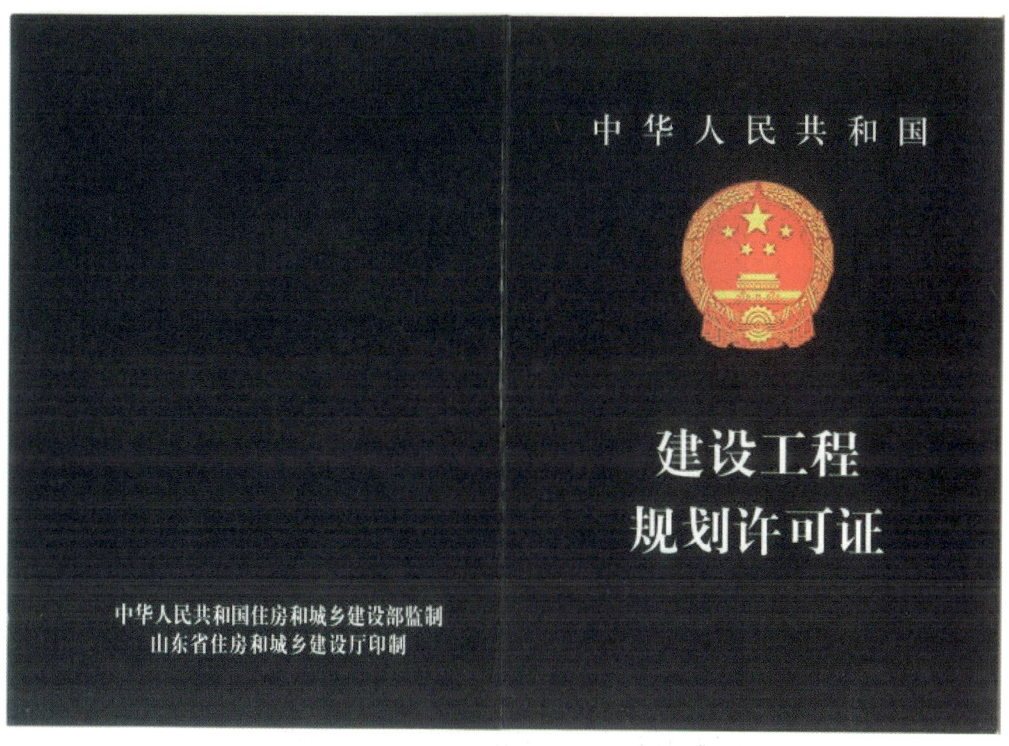

中华人民共和国

建设工程规划许可证

建字第37 （0）13201800006 号

根据《中华人民共和国城乡规划法》第四十条规定，经审核，本建设工程符合城乡规划要求，颁发此证。

发证机关 济南市规划局

日　　期 2018年1月4日

GC 31600549

建设单位（个人）	济南市教育局
建设项目名称	济南市大学城实验学校（高中）建设项目
建设位置	长清区大学科技园济菏高速以东，瓦特路以北、紫薇路以南
建设规模	总建筑面积：83589 平方米 地上建筑面积：78434 平方米 地下建筑面积：5155 平方米
附图及附件名称 1、济南市规划局建设工程规划许可证附表； 2、中建八局第一建设有限公司设计方案。	

遵守事项

一、本证是经城乡规划主管部门依法审核，建设工程符合城乡规划要求的法律凭证。

二、未取得本证或不按本证规定进行建设的，均属违法建设。

三、未经发证机关许可，本证的各项规定不得随意变更。

四、城乡规划主管部门依法有权查验本证，建设单位（个人）有责任提交查验。

五、本证所需附图与附件由发证机关依法确定，与本证具有同等法律效力。

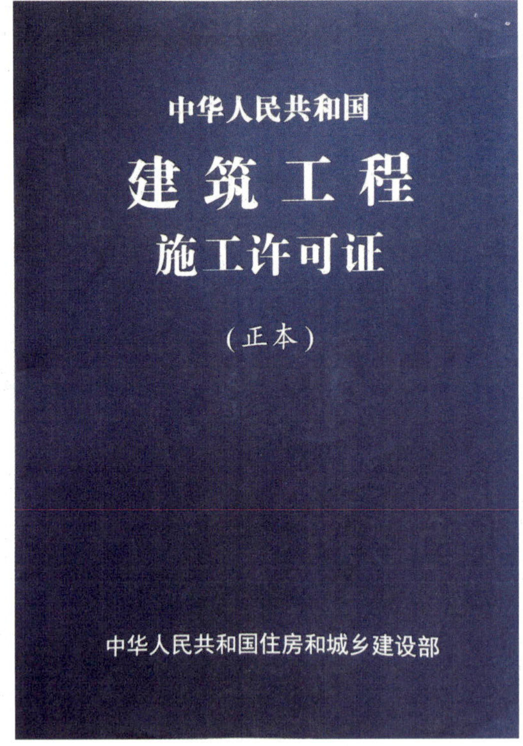

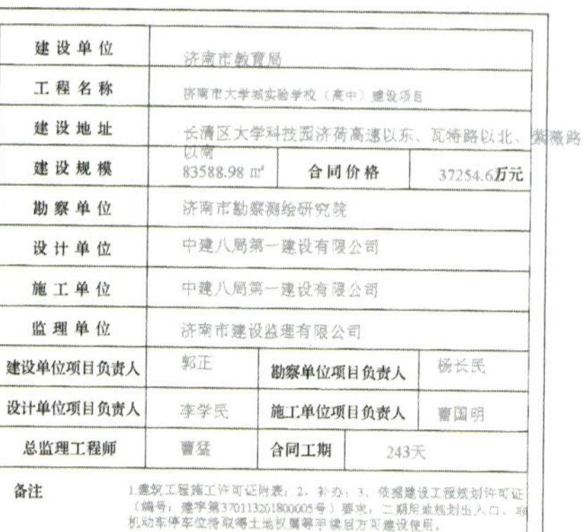

建设单位	济南市教育局		
工程名称	济南市大学城实验学校（高中）建设项目		
建设地址	长清区大学科技园济荷高速以东、瓦特路以北、紫薇路以南		
建设规模	83588.98 m²	合同价格	37254.6万元
勘察单位	济南市勘察测绘研究院		
设计单位	中建八局第一建设有限公司		
施工单位	中建八局第一建设有限公司		
监理单位	济南市建设监理有限公司		
建设单位项目负责人	郭正	勘察单位项目负责人	杨长民
设计单位项目负责人	李学民	施工单位项目负责人	曹国明
总监理工程师	曹猛	合同工期	243天
备注	1.建筑工程施工许可证附表；2、补办；3、依据建设工程规划许可证（编号：建字第370113201800005号）要求，二期用地规划出入口、非机动车停车位待取得土地权属等手续后方可建设使用。		

注意事项：

一、本证放置施工现场，作为准予施工的凭证。
二、未经发证机关许可，本证的各项内容不得变更。
三、住房城乡建设行政主管部门可以对本证进行查验。
四、本证自发证之日起三个月内应予施工，逾期应办理延期手续，不办理延期或延期次数、时间超过法定时间的，本证自行废止。
五、在建的建筑工程因故中止施工的，建设单位应当自中止施工之日起一个月内向发证机关报告，并按照规定做好建筑工程的维护管理工作。
六、建筑工程恢复施工时，应当向发证机关报告；中止施工满一年的工程恢复施工前，建设单位应当报发证机关核验施工许可证。
七、凡未取得本证擅自施工的属违法建设，将按《中华人民共和国建筑法》的规定予以处罚。

No.SZ 0034121

中华人民共和国

建筑工程施工许可证

编号 370100201806211301
(2018190)

根据《中华人民共和国建筑法》第八条规定，经审查，本建筑工程符合施工条件，准予施工。

特发此证

发证机关 济南市城乡建设委员会

发证日期 2018 年 06 月 21 日

全省房屋建筑和市政工程项目数据库查询网址：http://www.sdjs.gov.cn/xyzj

顺序号：0694　　2017JSJL13Z0311

济南公共资源交易项目

中标通知书

（工程建设类）

为实现资源优化配置，保护国家、社会公共利益和当事人的合法权益，依据国家相关法律法规规定程序，该项目在济南公共资源交易中心进行交易。

中标公示期满，经招标人确定，同意该项目中标结果，特发此证。

招标监督机构：（盖章）　　审核人：（签字）

2017 年 11 月 29 日

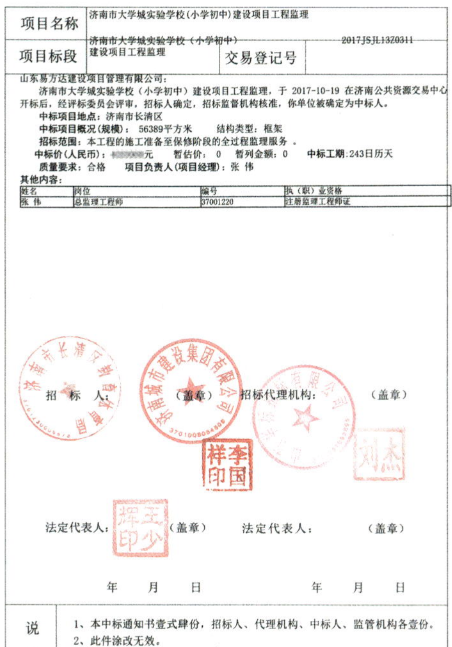

项目名称	济南市大学城实验学校(小学初中)建设项目工程监理		
项目标段	济南市大学城实验学校（小学初中）建设项目工程监理	交易登记号	2017JSJL13Z0311

山东易方达建设项目管理有限公司：

济南市大学城实验学校（小学初中）建设项目工程监理，于 2017-10-19 在济南公共资源交易中心开标后，经评标委员会评审，招标人确定，招标监督机构核准，你单位被确定为中标人。

中标项目地点：济南市长清区

中标项目概况(规模)： 56389平方米　　结构类型：框架

招标范围：本工程的施工准备至保修阶段的全过程监理服务 。

中标价(人民币)：[illegible]元　　暂估价： 0　　暂列金额：0　　中标工期:243日历天

质量要求：合格　　项目负责人(项目经理)：张 伟

其他内容：

姓名	岗位	编号	执（职）业资格
张 伟	总监理工程师	37001220	注册监理工程师证

招 标 人：（盖章）　　招标代理机构：（盖章）

法定代表人：（盖章）　　法定代表人：（盖章）

年 月 日　　年 月 日

说明　1、本中标通知书壹式肆份，招标人、代理机构、中标人、监管机构各壹份。
2、此件涂改无效。
3、请据此办理有关手续。

顺序号：0695　　2017JSSG13Z0311

济南公共资源交易项目

中标通知书

（工程建设类）

为实现资源优化配置，保护国家、社会公共利益和当事人的合法权益，依据国家相关法律法规规定程序，该项目在济南公共资源交易中心进行交易。

中标公示期满，经招标人确定，同意该项目中标结果，特发此证。

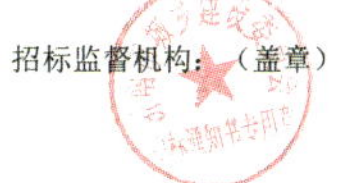

招标监督机构：（盖章）　　审核人：（签字）

2017 年 11 月 29 日

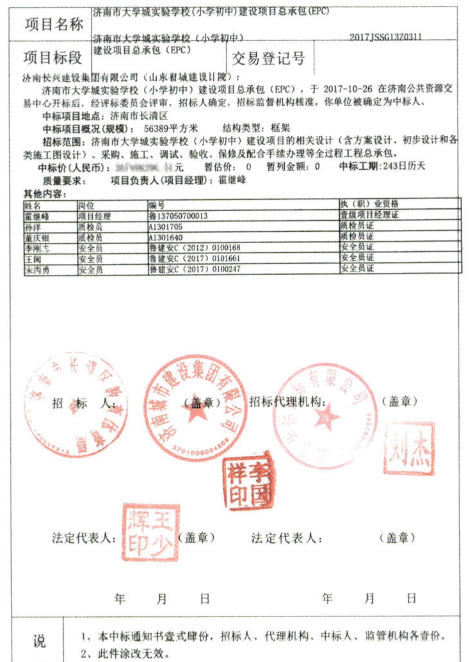

项目名称	济南市大学城实验学校(小学初中)建设项目总承包(EPC)		
项目标段	济南市大学城实验学校（小学初中）建设项目总承包（EPC）	交易登记号	2017JSSG13Z0311

济南长兴建设集团有限公司（山东省城建设计院）：

济南市大学城实验学校（小学初中）建设项目总承包（EPC），于 2017-10-26 在济南公共资源交易中心开标后，经评标委员会评审，招标人确定，招标监督机构核准，你单位被确定为中标人。

中标项目地点：济南市长清区

中标项目概况(规模)： 56389平方米　　结构类型：框架

招标范围：济南市大学城实验学校（小学初中）建设项目的相关设计（含方案设计、初步设计和各类施工图设计）、采购、施工、调试、验收、保修及配合手续办理等全过程工程总承包。

中标价(人民币)：[illegible]元　　暂估价： 0　　暂列金额：0　　中标工期:243日历天

质量要求：　　项目负责人(项目经理)：霍继峰

其他内容：

姓名	岗位	编号	执（职）业资格
霍继峰	项目经理	鲁137050700013	壹级项目经理证
孙洋	质检员	A1301705	质检员证
董庆银	质检员	A1301640	质检员证
李刚志	安全员	鲁建安C（2012）0100168	安全员证
王闽	安全员	鲁建安C（2017）0101661	安全员证
宋丙勇	安全员	鲁建安C（2017）0100247	安全员证

招 标 人：（盖章）　　招标代理机构：（盖章）

法定代表人：（盖章）　　法定代表人：（盖章）

年 月 日　　年 月 日

说明　1、本中标通知书壹式肆份，招标人、代理机构、中标人、监管机构各壹份。
2、此件涂改无效。
3、请据此办理有关手续。

建筑工程竣工验收报告

单位工程名称：济南市大学城实验学校（高中）建设项目-B1#高中教学楼

建设单位名称：济南市教育局

竣工验收日期：2018年 8 月 1 日

济南市工程质量与安全生产监督站

建筑工程竣工验收报告

工程名称	济南市大学城实验学校（高中）建设项目-B1#高中教学楼	工程地址	长清区大学科技园济菏高速以东瓦特路以北、紫薇路以南
建筑面积	17906.89平方米	结构类型/层数	框架/地上五层
建设单位	济南市教育局		
施工单位	中建八局第一建设有限公司	资质等级	特级
勘察单位	济南市勘察测绘研究院	资质等级	甲级
设计单位	中建八局第一建设有限公司	资质等级	甲级
监理单位	济南市建设监理有限公司	资质等级	综合
施工许可证号	370100201806211301（2018190）	规划许可证号	建字第370113201800005
开工时间	2017年12月1日	工程造价	7980.89万元
工程概况	济南市大学城实验学校（高中）建设项目-B1#高中教学楼，为公建教学楼，地上五层。各层层高均为4.00米，建筑面积为17906.89平方米，建筑总高度为21.45米 抗震等级为二级，基础为独立基础+筏板。本工程内墙为AAC蒸压轻质砂加气墙板镶贴饰面砖、刷柔性耐水腻子加涂料；外墙为饰面砖外墙，所有楼地面为镶贴地面砖；一层门厅石膏板吊顶、卫生间等部位吊顶用铝合金方形板、有个别房间吊顶使用矿棉吸声板；屋面防水采用1.5厚的非固化防水涂料+4厚SBS防水卷材，卫生间、饮水室采用JS防水涂料；铝合金窗；门为防火门。水、电、智能化等齐全。		

竣工验收组织	验收组职务	姓名	工作单位	专业	技术职称	单位职务
	组长	郭正	济南市教育局	土建	工程师	负责人
	副组长	曹猛	济南市建设监理有限公司	土建	总监理工程师	项目总监
		李学民	中建八局第一建设有限公司	土建	注册建筑师	项目负责人
		张全	中建八局第一建设有限公司	土建	一级建造师	项目经理
	验收组成员	沈晔	中建八局第一建设有限公司	电气	工程师	专业设计人
		祝刚	中建八局第一建设有限公司	给排水	注册设备师	专业设计人
		支卫峰	中建八局第一建设有限公司	暖 通	工程师	专业设计人
		杨长民	济南市勘察测绘研究院	岩 土	注册土木工程师	项目负责人
		聂红恩	中建八局第一建设有限公司	土建	工程师	技术部门负责人
		高存金	中建八局第一建设有限公司	土建	工程师	质量部门负责人
		赵忠杨	中建八局第一建设有限公司	土建	技术员	项目技术负责人
		李宁	济南市建设监理有限公司	土建	监理工程师	项目监理工程师
		郑福强	济南市建设监理有限公司	电气	监理工程师	项目监理工程师
		张武明	中建八局第一建设有限公司	安装	工程师	项目安装负责人

竣工验收标准	《建筑工程施工质量验收统一标准》（GB50300-2013）及其配套的系列施工质量验收规范和有关标准
竣工验收程序	1. 工程完工后，施工单位向建设单位提交工程竣工报告，申请竣工验收；监理单位出具质量评估报告，勘察、设计单位分别出具质量检查报告。 2. 建设单位收到竣工验收报告后，组织勘察、设计、施工、监理单位的有关人员组成验收组，制定验收方案。 3. 建设单位在竣工验收七个工作日前将验收的时间、地点、验收组名单通知监督该工程的工程质量监督机构。 4. 建设单位组织工程竣工验收：作出全面评价；形成竣工验收意见。
竣工验收内容	由建设单位（项目）负责人主持，建设、设计、监理、施工等单位组成验收委员会，对工程进行验收。建设、勘察、设计、监理、施工、分别汇报合同履约情况及执行法律、法规和强制性标准情况；审阅参建各方工程档案资料；实地查验了工程质量。
建设单位执行基本建设程序情况	开工前根据基建相关法规程序办理规划许可证；对勘察、设计、施工、监理单位进行招投标；办理工程质量报监手续；　工程建设符合基本建设程序和《建设工程质量管理条例》的要求。
对勘察单位的评价	济南市勘察测绘研究院履约了该工程勘察合同，执行了国家有关法律、法规和工程建设强制性标准的规定；提供的地质勘察报告与实际相符，并符合国家有关勘察标准的要求。
对设计单位的评价	中建八局第一建设有限公司在该工程设计过程中能根据地质勘察资料和建设单位对工程功能使用要求进行科学设计，严格执行国家有关法律法规及工程建设强制性标准，提供的工程设计文件符合国家有关工程设计标准的规定。

-2-

<table>
<tr><td>对施工单位的评价</td><td colspan="5">中建八局第一建设有限公司在施工过程中按照设计图纸要求和施工规范要求组织安排施工，执行合同、国家有关法律、法规和工程建设强制性标准的规定，工程质量控制资料基本齐全有效，工程质量达到验收标准的规定。</td></tr>
<tr><td>对监理单位的评价</td><td colspan="5">济南市建设监理有限公司承担了该工程的监理工作，在工程施工中能严格按照《建设工程监理规范》和监理合同对工程进行全面监理，监理人员能全过程认真负责按照监理规划、监理细则实施监理工作，能按设计要求和强制性规范标准控制工程质量。</td></tr>
<tr><td rowspan="6">工程质量验收情况</td><td>项目</td><td colspan="2">验收记录</td><td colspan="2">验收结论</td></tr>
<tr><td>分部工程</td><td colspan="2">共 9 分部，经查 9 分部
符合标准及设计要求 9 分部</td><td colspan="2">合格</td></tr>
<tr><td>质量控制资料核查</td><td colspan="2">共 40 项，经审查符合要求 40 项
经核定符合规范要求 0 项</td><td colspan="2">齐全，合格</td></tr>
<tr><td>安全和主要使用功能核查及抽查结果</td><td colspan="2">共核查 22 项，符合要求 22 项
共抽查 10 项，符合要求 10 项
经返工处理符合要求 0 项</td><td colspan="2">符合要求，合格</td></tr>
<tr><td>观感质量验收</td><td colspan="2">共抽查 20 项，符合要求 20 项
不符合要求 0 项</td><td colspan="2">一般</td></tr>
<tr><td colspan="2">工程质量验收结论</td><td colspan="3">合格</td></tr>
<tr><td>工程竣工验收意见</td><td colspan="5">该工程结构安全可靠，使用功能符合要求，技术档案资料齐全，同意验收。</td></tr>
<tr><td>工程竣工验收结论</td><td colspan="5">该工程符合国家有关法律、法规和强制性标准的规定，质量合格，一致同意验收。</td></tr>
<tr><td rowspan="2">参加验收单位</td><td>建设单位</td><td>监理单位</td><td>设计单位</td><td>勘察单位</td><td>施工单位</td></tr>
<tr><td>（公章）
法人代表：
2018年8月1日</td><td>（公章）
法人代表：
2018年8月1日</td><td>（公章）
法人代表：
2018年8月1日</td><td>（公章）
法人代表：
2018年8月1日</td><td>（公章）
法人代表：
2018年8月1日</td></tr>
</table>

该表一式六份 -3-

建设工程竣工

规划核实合格证

建设工程竣工

规划核实合格证

核字第37 0113201800024 号

根据《中华人民共和国城乡规划法》第四十五条和《山东省城乡规划条例》第五十四条规定，经审核，本建设工程竣工规划核实合格，颁发此证。

发证机关

日　期　2018年11月22日

HS 01600230

建设单位（个人）	济南市长清区教育体育局
建设项目名称	济南市大学城实验学校（小学初中）建设项目
建 设 位 置	长清区大学科技园济菏高速以东，瓦特路以北
建 设 规 模	56389 平方米
附图及附件名称 建设工程竣工规划核实合格证附表	

遵守事项

一、本证是经城乡规划主管部门依法核实，竣工建设工程符合城乡规划要求的法律凭证。

二、凡竣工后未取得本证的建设工程，建设单位（个人）不得组织竣工验收，有关部门不得进行房屋确权。

三、未经发证机关许可，本证的各项内容不得随意变更。

四、城乡规划主管部门依法有权查验本证，建设单位（个人）有责任提交查验。

五、本证所需附图及附件由发证机关依法确定，与本证具有同等法律效力。

济南市规划局

建设工程竣工规划核实合格证附表

编号：核字第370113201800024号

建设单位	济南市长清区教育体育局
建设项目名称	济南市大学城实验学校（小学初中）建设项目
建设位置	长清区大学科技园济菏高速以东、瓦特路以北
建设规模	56389平方米

实测建筑明细

序号	工程名称	性质	幢数	高度（米）	层数		实际建筑面积(平方米)	
					地上	地下	地上面积	地下面积
1	A1#体育馆	公建	1	16.15	2	-	2517.69	-
2	A2#行政楼	公建	1	17.63	4	-	2517.05	-
3	A3#小学教学实验楼	公建	1	17.62	4	-	11121.67	-
4	A4#综合楼	公建	1	22.3	3	1	7854.1	838.56
5	初中教学楼	公建	1	21.63	5	-	13276.17	-
6	初中实验楼	公建	1	22.12	5	-	4624.31	-
7	初中男/女生宿舍	公建	1	20.75	5	-	5412.22	-
8	初中单身教工宿舍	公建	1	21.06	5	-	3563.58	-
9	A6-A8连廊	公建	1	5.15	1	-	17.15	-
10	A9#看台	公建	1	10.9	2	-	604.03	-

其它要求：

（济南市规划局行政审批专用章）

2018 年 11 月 22 日

备注：本表与建设工程竣工规划核实合格证一体方为有效文件。

（附页）

济南市规划局

建设工程竣工规划核实合格证附表

编号：核字第370113201800024号

序号	工程名称	性质	幢数	高度（米）	层数		实际建筑面积(平方米)	
					地上	地下	地上面积	地下面积
11	A10#塔楼	公建	1	48.15	8	-	237.88	-
12	初中传达室	公建	1	7.2	1	-	70.34	-
13	初中次入口传达室	公建	1	4.1	1	-	16.18	-
14	小学传达室	公建	1	7.2	1	-	53.21	-
15	地下车库	公建	1	3.7	-	1	163.15	3501.44

（济南市规划局行政审批专用章）

2018 年 11 月 22 日

备注：本表与建设工程竣工规划核实合格证一体方为有效文件。

荣誉证书

山东省城建设计院“济南市大学城实验学校（小学初中）建设项目总承包（EPC）”被评为2019年度济南市优秀工程勘察设计一等奖。

此证

2019年5月27日

后　记

《西城逐日——济南市大学城实验学校建设纪实》一书经过艰苦编辑已付梓出版，奉献在各位读者面前。逐日留影，垂书竹帛，为工程立传，为劳动者而歌，是编辑出版本书的最大意义。

济南市大学城实验学校的建设是重大民生工程，是助推济南西部大发展，提升长清大学城服务质量和服务配套档次的重要举措。该项工程的建设规划实、起点高、推进快，只用 8 个月 240 余天的时间便顺利竣工，创造了济南建设“新速度”，提升了济南教育“新温度”。整个建设过程凝结了各级领导以及筹建、规划、建设、控制、监理、审计各方的力量与心血，给济南人民交上了一份亮丽的答卷。

本书以生动细腻的笔触记述了济南市大学城实验学校的建设历程，章目清晰，图文并茂，留存了宝贵经验，传播了济南故事，是济南向“大强美富通”现代化国际大都市迈进征程的生动注脚。该书的编辑开始于 2018 年 10 月，由济南城市建设集团长清大学城激活提升工程项目部经理宋光华发起，并得到了各级领导的大力支持和各参建单位的倾情相助。在济南城市建设集团、济南市教育局和长清区教体局的关心指导下，编撰人员经过深入采访、细致查档、精心撰写、反复修改，仅用 6 个月的时间便完成初稿，又经反复琢磨修改交由山东大学出版社编辑成册并付梓出版。

该书分三章 32 篇，共 10 余万字，收入照片百余幅。大部分文章由魏文森、孟祥江、董传贵、刘应阶先生执笔采写；李现新先生进行了全书策划并总体统稿；张同金先生应邀进行了绘画创作。上述编写者利用业余时

间，夜以继日，焚膏继晷，付出了大量心血。各有关部门和相关人员积极配合，在编辑过程中给予了信息、资料、人力、物力上的支持；济南城市建设集团、济南市教育局主要领导高度重视本书的编写工作，多次提出指导性意见；济南市教育局王品木局长为本书欣然作序，给了我们极大的鼓舞。在此，谨向为本书采写、编辑和出版过程中付出辛勤劳动和热情帮助的领导、同志和各界人士，一并表示衷心的感谢。

本书限于采写时间短、资料不足、编辑水平等原因，难免有挂一漏万、粗疏讹误之处，敬请广大读者批评指正。

《西城逐日》编委会

2019 年 8 月